1. 锥栗产品
2. 葡萄生长状
3. 青梅生长状
4. 青梅加工产品
5. 桔柚
6. 翠冠梨

1. 油奈
2. 杨梅
3. 猕猴桃果酱制作
4. 灵芝
5. 香菇
6. 木耳

1. 红菇生长状
2. 红菇产品
3. 竹荪
4. 灰树花
5. 泽泻
6. 银杏

1. 厚朴花
2. 厚朴产品
3. 葛根
4. 瓜蒌花
5. 瓜蒌果实
6. 玳玳花

# 特色经济作物栽培与加工

TESE JINGJI ZUOWU ZAIPEI YU JIAGONG

范祖兴 主编

中国科学技术出版社
.北京.

**图书在版编目（CIP）数据**

特色经济作物栽培与加工/范祖兴主编. —北京：
中国科学技术出版社,2017.1
ISBN 978-7-5046-7386-2

Ⅰ.①特… Ⅱ.①范… Ⅲ.①经济作物—栽培技术 Ⅳ.①S56

中国版本图书馆 CIP 数据核字（2017）第 000887 号

| | |
|---|---|
| 策划编辑 | 张海莲　乌日娜 |
| 责任编辑 | 张海莲　乌日娜 |
| 装帧设计 | 中文天地 |
| 责任校对 | 刘洪岩 |
| 责任印刷 | 马宇晨 |

| | | |
|---|---|---|
| 出 | 版 | 中国科学技术出版社 |
| 发 | 行 | 中国科学技术出版社发行部 |
| 地 | 址 | 北京市海淀区中关村南大街 16 号 |
| 邮 | 编 | 100081 |
| 发行电话 | | 010-62173865 |
| 传 | 真 | 010-62173081 |
| 网 | 址 | http://www.cspbooks.com.cn |

| | | |
|---|---|---|
| 开 | 本 | 889mm×1194mm　1/32 |
| 字 | 数 | 180 千字 |
| 印 | 张 | 7.75 |
| 彩 | 页 | 4 |
| 版 | 次 | 2017 年 1 月第 1 版 |
| 印 | 次 | 2017 年 1 月第 1 次印刷 |
| 印 | 刷 | 北京盛通印刷股份有限公司 |
| 书 | 号 | ISBN 978-7-5046-7386-2／S·619 |
| 定 | 价 | 26.00 元 |

# 本书编委会

## 主　编
范祖兴

## 编著者
（按姓氏笔画顺序）

范祖兴　范昀珊　黄世冬

黄灼英　谢凌燕　翁蔚如

熊　焰

# $C$ontents 目 录

# 第一章
# 竹　类

## 一、毛竹栽培管理技术

### （一）概　述

毛竹又称楠竹,生长快、成材早、产量高、用途广,造林 5～10 年后,即可年年砍伐利用。一株毛竹从出笋到成竹只需 2 个月左右的时间,当年即可砍作造纸原料;若作竹材原料,则需 3～6 年的加固生长方可砍伐利用。早在殷商时代就有用竹编制竹器的习惯和经验,用竹子造房也有 2 000 多年的历史。毛竹被广泛应用于架设工棚和脚手架,还是造纸和人造丝的优良原料。竹材劈成的薄篾可编制成很多生产工具、生活用品和工艺品,竹竿、竹片可制成竹床、竹椅、通风保健席等。竹胶合板的开发制品更具市场吸引力,特别是近几年来竹纤维的开发利用使竹产业发展前途更加光明。此外,竹枝、竹鞭、竹箨、竹根、竹蔸等均可加工成更具经济价值的竹工艺品;毛竹笋营养丰富、味道鲜美,是我国的传统佳肴,而且还可作为保健食品制成各种笋干、笋罐头,畅销国内外,市场潜力大,具有很高的经济效益。

## (二)生物学特性

毛竹是多年生常绿乔木植物,但其生长发育不同于一般乔木树种,它是由地下部分的鞭、根、芽和地上部分的秆、枝、叶组成的有机体。毛竹不仅具有根的向地性生长和秆的反向地性生长,而且还具有鞭(地下茎)的横向地性起伏生长。竹秆寿命短,开花周期长,没有次生生长,竹鞭则具有强大的分生繁殖能力。竹鞭一般分布在土壤15~40厘米深的范围,每节有1个侧芽,可以发育成笋或发育成新的竹鞭。壮龄竹鞭上的部分肥壮侧芽每年夏末秋初开始萌动分化为笋芽,到初冬笋体肥大,笋壳(箨)呈黄色,被有茸毛,称冬笋。冬季低温时期,竹笋在土内处于休眠状态,到了翌年春季温度回升后继续生长出土,称为春笋。春笋的笋壳为紫褐色,有黑色斑点,满生茸毛。春笋中一些生长健壮的,经过40~50天的生长过程,从竹笋至幼竹,竹秆上部开始抽枝展叶而成为新竹。新竹翌年春全株换叶1次,以后每2年换叶1次,每换叶1次称为一"度"(换叶年称为小年)。新竹经过2~5年生理代谢,成为抽鞭发笋能力强、竹秆材质处于增进期的幼—壮龄竹阶段;再经过6~8年的竹秆材质生长,达到力学强度稳定的中龄竹阶段;9年以上的竹出现生活力衰退的下降趋势,进入老龄竹阶段。因此,在毛竹林培育中,应留养幼—壮龄竹,砍伐中、老龄竹。

## (三)适生环境要求

毛竹是多年生常绿树种,根系集中稠密,竹秆生长快、生长量大。因此,要求温暖湿润的气候条件,年平均温度15℃~20℃,年降水量1 200~1 800毫米。对土壤的要求也高于一般树种,既需要充裕的水湿条件,又不耐积水淹渍。在板岩、页岩、花岗岩、砂岩等母岩发育的中厚层肥沃、酸性的红壤、黄红壤、黄壤分布多,生长良好;在土质黏重而干燥的网纹红壤及林地积水、地下水位过高的地方则生长不良。因此,造林地应选择背风向阳的山谷、山麓、山腰地带,土层深度在 50 厘米以上,肥沃、湿润、排水和透气性良好的酸性沙质土或沙质壤土的地方。

### (四)移竹造林技术

1. **造林整地** 通过整地可以创造适合毛竹成活和新竹成长的环境条件。整地工作应在造林前的秋冬季进行,主要包括清理林地、开垦和挖掘栽植穴等工序。坡度不大的造林地采用全垦整地,坡度较大(15°~25°)的造林地采用水平带整地,坡度 25°以上的陡坡造林地则采用块状整地。全垦整地是将造林地内的杂草、灌木全部砍除,清理后全面深翻 25~30 厘米,将表土翻入底层,且除去土中的大石块和粗树蔸、树根等,然后定点挖栽植穴,在坡地上挖穴时应注意穴的长边与等高线平行。带状整地即整地带与等高线平行,带宽、带距视坡度缓陡及栽植密度而定,一般为 3 米左右。整地带上先劈除杂草灌木,后沿带开垦,翻土深度 40 厘米左右,再在已翻土的带上按造林密度和株行距挖穴。块状整地是根据造林密度和株行距确定栽植点,清除各栽植点周围 2 米左右的杂草灌木,按栽植点挖穴。无论哪种整地方式,都须在挖栽植穴前确定造林密度和株行距。毛竹移竹造林每 667 米$^2$ 栽植 25~50 株,株行距可采用 5 米×6 米或 4 米×5 米,栽植穴规格为穴长 1.5 米、宽 0.8 米、深 0.5 米。造林密度大,成林快;反之,成林慢。

2. **造林季节和方法** 毛竹造林的良好季节是冬季和早春,即 11 月份至翌年 2 月份。造林方法有移竹造林、移鞭造林、截秆移蔸造林、实生苗造林(播种育苗)和鞭节育苗造林等,其中移竹造林法在生产中应用最广。移竹造林首先应选好母竹,母竹以竹龄 2~3 年生、胸径 3~6 厘米、生长健壮、分枝较低、枝叶繁茂、竹节正常、无病虫害的林中竹为宜。挖母竹前应做好标记,使之在竹林中分布均衡。挖掘时,则应先判断好竹鞭的走向(一般与母竹秆基椭圆形的长边方向平行），再细心扒开土找到竹鞭。向母竹引伸过来的鞭称来鞭，留 30~40 厘米截断；延伸出去的鞭称去鞭，留70~80 厘米截断，然后沿鞭两侧逐渐挖掘。挖取时要多带宿土，做到不伤鞭根、不伤笋芽、不伤"螺丝钉"（竹秆与竹鞭连接处）、不伤母竹。挖出后，留 5~7 盘枝，砍去竹尾。母竹运输的路途和时间越短越好，远距离运输必须用稻草或蒲包包扎，保护好鞭芽和"螺丝钉"，并随时浇水保湿。栽植时先在穴底垫表土 10~15 厘米厚，然后解去捆扎物，轻轻将母竹放入穴中，使鞭根舒展、下部与土密接，再填土、踏实。填土深度要比母竹原入土深度高 3~5 厘米，填土呈馒头形，以防积水烂鞭。填土踏实时，要注意避免损伤鞭根和笋芽。栽后浇足"定蔸水"。

# 二、毛竹用材林培育技术

毛竹生长快、产量高，吸收土壤养分多，收获竹材、竹笋时又带走了大量营养物质，残留的竹蔸和根系腐烂分解慢，所含的养分大多为暂不可用状态。因此，通过施肥，补充营养物质，才能保证竹林的物质循环正常进行。毛竹用材林培育技术要点如下。

## （一）护笋养竹

护笋养竹是提高竹林密度、增加竹林产量的关键措施。

1. **严禁挖鞭笋**　竹鞭的幼嫩梢头称为鞭笋。夏秋季节，毛竹竹鞭生长旺盛，如挖鞭笋，不仅直接妨碍新鞭蔓延，而且使翌年竹笋少，成竹质量差。

2. **谨慎挖冬笋**　冬笋是春笋的前身，是毛竹生长发育的一个阶段。用材竹林培育中，若滥挖冬笋，就会直接影响翌年春笋和新竹的产量。但因受气候、营养等因素限制会有一部分冬笋不能出土而死亡，故在冬至前挖掘浅鞭冬笋，既可促进春笋生长发育，又可增加竹林收益。用材竹林挖掘冬笋时,必须在护笋的前提下科学谨慎地挖取。其挖掘的方法是在大年毛竹林内选枝叶浓密、叶色深绿的竹株,沿去鞭的方向找到泥块隆起、龟裂或脚感松软的部位,小心开穴挖取,掘取后覆土填平。

**3. 精心管理春笋** 清明至立夏(4~5月份),是毛竹春笋出土的初期和盛期,要加强管护,严禁挖掘健壮春笋。特别是对换叶的小年竹林内的春笋更应加强留养及管护,以免竹林出现明显的大小年而影响竹林总产量,使竹林年年保持稳产。对那些病虫笋、路中笋、小笋和歪笋等应适时疏除。盛期笋成竹率高、质量好,清明前应少疏多留;后期笋则应多疏少留。初春零星露头笋及时挖除;竹笋出土的末期,竹林中常出现不能成竹的笋称为退笋。退笋也应及时挖掘,这样既可增加收益,又可防止竹林养分消耗。退笋的特征:笋生长缓慢,笋梢松散、无光泽,箨干缩,箨毛枯萎,早晨箨叶无"露水"。

## (二)修山垦复

修山就是砍除竹林内的杂草灌木散布于林地,使其腐烂为有机肥料。修山每年进行1~2次,时间是7~9月份,若只进行1次,时间最好在7月初。垦复就是深挖,在每年的秋冬季进行。坡度20°以下的平缓竹林地进行全面垦复,垦复深度20~25厘米;坡度20°~35°的竹林地可采用隔年隔带的等高带垦复,带宽及间距皆为3米左右;35°以上的陡坡竹林地,可每年浅锄1次,隔年(大年出笋成竹后)深挖1次。结合垦复深挖,清除竹林地内的大石头,挖掘竹林地内的树蔸、竹蔸及老竹鞭,垦复深挖时注意不要伤竹鞭及笋芽。

## (三)竹林施肥

毛竹生长快、产量高,吸收土壤养分多,必须通过施肥补充土壤营养物质。肥料以厩肥、堆肥等有机肥为主,有条件的地方,每年每 667 米² 可施有机肥 50~100 担或饼肥 150~200 千克、塘泥 100~200 担。有机肥在秋冬结合垦复挖沟或挖穴埋入土内,速效性水稀释化肥或人粪尿,最好在夏季毛竹生长季节或出笋前后 1 个月内施入。施用化肥应以氮、磷肥为主,且应氮、磷肥混合施用。每 667 米² 可施尿素 10~15 千克、过磷酸钙 3~5 千克。如果进行伐桩施肥,则须先打通竹蔸内竹节,然后每伐桩蔸内施尿素或碳酸氢铵 0.25~0.5 千克,再覆土密封。

## (四)适时钩梢

在风大、冰冻雪压严重的地方,可采取适当钩梢的方法防止风倒秆破。钩梢一般不能超过竹冠总长度的 1/3,留枝不得少于 15 盘。钩梢在冰冻年的 10~12 月份进行。对冰冻雪压不严重或立竹密度不足的竹林,则不必进行钩梢。

## (五)合理采伐

合理采伐包括正确确定采伐年龄、采伐季节、采伐方法、采伐强度及合理的立竹密度。毛竹林为异龄林,只能采用龄级择伐方式,原则是 1~5 年生蓄养、6~7 年生填空抽砍、8~9 年生除个别填空外全部砍伐利用。为了正确掌握每株立竹的年龄,可在每年新竹成竹后,用油墨在竹秆上标明年份。采伐应在低温干燥、竹子生理活动减弱、竹材力学性能好、不易虫蛀的冬季进行。采伐前,根据竹龄、竹株分布、竹子生长状况及病虫害等情况,并按砍老留幼、砍密留疏、砍小留大、砍弱留强的原则,标明应伐竹株,然后再采用齐地伐倒的方法采伐。大小年明显的毛竹林,最好每 2 年砍伐 1 次,即在大年的冬季采伐;花年竹林可在每年冬季除按上述原则选择应伐竹株外,还应选择竹叶发黄、翌年即将换叶的小年竹株砍伐,切忌砍竹叶浓绿的孕笋竹株。毛竹用材林的竹林密度以每

667 米² 保持 200~250 株为好,其年龄组成最好是 1 年生、2~3 年生、4~5 年生、6~9 年生竹占 25% 左右。

### (六)低产林改造

为了扩大毛竹林面积,挖掘现有竹林的生产潜力,提高竹林的经济效益,除新造竹林外,还可在现有竹林中选择一部分低产竹林改造成丰产林。改造对象应为坡度平缓,土层厚度在 50 厘米以上,土壤肥沃湿润、排水良好,每 667 米² 现有立竹 100~140 株的毛竹林。改造技术可参照上述培育技术实施,先期关键措施是护笋养竹、严控采伐量,可适当保留 8~9 年生竹,促使立竹尽快恢复到每 667 米² 200~250 株的竹林密度。

## 三、毛竹笋用林培育技术

毛竹笋用林高产高效培育技术,主要掌握林地管理、土肥管理、母竹留养、科学挖笋 4 项基本措施。

### (一)林地管理

选择交通方便、坡度平缓、土层深厚、立竹基础好的毛竹纯林改造成毛竹笋用林或笋、竹兼用林。首先砍除林地杂草灌木,挖除老竹蔸、树蔸,清除石头,创造竹鞭生长的良好环境。毛竹笋用林的林地全垦深挖,改制竹林的第一年深翻可在 6 月中旬进行,也可结合挖冬笋在 12 月份至翌年 1 月份进行,深翻深度 30~40 厘米。全垦深翻时避免损伤幼壮竹鞭及竹鞭上的鞭芽、鞭根。

### (二)土肥管理

土壤是毛竹生长的基础,肥力是影响竹林丰产的主要因子。据分析,每生长 1 吨鲜笋约需消耗土壤中的氮 5.1 千克、磷 1.5 千克、钾 5.4 千克。因此,要及时对笋用竹林或笋、竹兼用竹林的林地进行肥料补充。肥料以堆肥、栏粪、菜籽饼(粕)、垃圾等有机肥为佳,施肥以每年 2 次为好。第一次在冬季进行,以有机肥为主,每 667 米$^2$ 施人、畜粪 2 500~3 000 千克,或菜籽饼(粕)250~300 千克,或埋青 4 000~5 000 千克。方法是把有机肥均匀撒入林地,结合冬垦和挖冬笋翻入土内 20~30 厘米的深度。第二次施肥在挖春笋后,以速效化肥为主,时间以 6~8 月份、竹鞭排芽前为宜。方法是在毛竹蔸上方挖半圆形水平沟进行条施,深度 15~20 厘米,施后覆土。施肥量可参照每生长 1 吨鲜笋所消耗土壤中氮、磷、钾元素的数量加以补充,但所补充的养分一定要超过带走损耗的养分,才能保证竹林产量不断提高。这是因为挖笋带走的养分数量中,不包括竹的秆、枝、叶所消耗的养分及土壤流失的养分、被土粒固定不能直接利用的养分和林下其他植物所消耗的养分,这些在施速效化肥时都应考虑进去。一般土壤母质中,钾的含量较丰富,所以施化肥应以氮、磷肥为主,特别要增施氮肥。为了增加土层有效厚度,提高竹笋品质,还应结合施排芽肥或孕笋肥进行培土,即把塘泥、菜园土、林外表土等挑入竹林,填土 7~10 厘米厚。有条件的地方,还可在夏末至秋季增施 1 次以迟效肥为主的孕笋肥。

### (三)母竹留养

笋用竹林与用材竹林一样,为获得竹笋高产,除要有一个良好的地下土肥环境外,还必须有竹林地上的合理立竹密度和竹龄结构。笋用竹林的地上管理措施主要有以下几项。

1. 护笋养竹  若现有竹林为大小年竹林,则应在笋用林初2~3 年大年少挖笋,小年基本不挖笋,禁止挖冬笋;若是花年竹林,则要尽量留养小年毛竹,使竹林达到每 667 米$^2$ 有健壮立竹 150~200 株,且分布均衡、龄级合理。

2. **适时留竹**  毛竹春笋一般在 3 月中下旬开始出土。"清

明"前后 10 天出土的春笋多数是浅鞭笋,笋小,不宜作母竹留养;
"谷雨"5 天以后出土的春笋多数是老弱竹及同鞭末期笋,亦不宜
作母竹留养。生产中应选择"谷雨"前后 5 天出土的大而壮且深
的春笋作母竹留养,并采取先留后选、边留边选的方法均匀留养。

3. **合理砍伐**　通过合理砍伐使笋用林经常保持 2～5 年生孕
笋竹占优势比例,其竹龄组成最好为 1 年生、2～3 年生、4～5 年生
竹各占 30%,6～7 年生竹占 10%,用以补空地。毛竹笋用林的砍
伐亦采用龄级择伐法(同用材林),7 年生以上的老竹一般不留,砍
伐也应在冬季进行,砍伐后随即挖除竹蔸或进行破蔸施肥。

### (四)科学挖笋

采用合理的挖笋和培笋技术,可提高竹笋的产量和品质。

1. **春笋的挖掘和培育**　春笋的挖掘与培育在 3 月中旬至 4
月下旬进行。挖春笋要掌握"早期笋、前期笋及时挖全部挖,中后
期笋选留母竹,末期笋全部挖光"的原则。对前期、中期发的笋,
笋箨尖刚露土就要挖,即挖泥下笋。此时的笋品质好、笋价高,同
时又可减少竹林养分消耗。对中期、后期发的笋也要在笋高 10 厘
米以内时及时挖掘,即挖泥上笋。春笋出土期间可每隔 1 天挖 1
次,挖笋后的笋穴应及时施入腐熟有机肥、人畜粪及 2% 尿素溶
液,施肥后覆土。注意所施肥料不要直接接触竹鞭。

2. **冬笋的挖掘与培育**　每年 11～12 月份竹林土中的笋已笋
体粗大,是挖冬笋的好季节。冬笋有沿鞭翻土挖、土裂开穴挖、结
合冬垦挖 3 种挖掘方法。挖笋后,先用翻起的少量生土覆盖竹鞭,
再将肥料施入沟内或穴内,最后填平沟或穴。

## 四、纸浆用毛竹林培育技术

我国早在西晋时期就开始利用嫩竹造纸。竹材作为造纸原料

具有以下优点：一是竹类生长快，伐期短，产量高；二是纤维素含量比一般原料高，造出的纸质量好；三是体积小，重量轻，采伐和运输方便；四是竹材制浆和造纸加工容易。

## （一）纸浆竹林培育

**1. 竹林垦荒**　一是竹林劈山。每年最佳的劈山时期为 7 月份，这是因为此期气温高湿度大、灌木杂草嫩，易于腐烂，肥效高。通过竹林劈山，可使新竹产量提高 20% ~ 30%。二是削山松土。削山就是用锄头或机械削除灌木及杂草树苑，除去土中大石块、老竹鞭等，松土深度为 15 ~ 30 厘米，以改善竹林土壤条件。三是挖除竹蔸。残留在竹山上的竹蔸一般要 10 年左右才能全部腐烂，因此挖竹蔸是提高竹林产量的有效途径。挖竹蔸时不要损伤活鞭、活芽，挖掘后填土不留穴，可以把周围易烂的杂草、肥土填入穴内，这对竹林生长更为有利。

**2. 肥料管理**　竹子生长要求氮、磷、钾完全肥料，其比例为 5∶1∶7。据有关资料统计，若采伐时只运走竹秆，而将枝叶全部归还给土壤，每生产 50 千克鲜重（含水 77%）竹材，将带走氮0.074 千克、磷 0.024 千克、钾 0.189 千克。因此，生产中在伐后必须施有机肥或种植绿肥来补充养分和能量，以提高土壤肥力。在坡度较大的山坡上，可以采用开深沟施肥法，沿山坡等高线开宽0.3 米、深 0.5 米左右的沟；在山窠、山岗平面地盘上，可以采用挖穴施肥法，每穴纵横距 2 米，穴宽、长均为 0.6 米，穴深 0.5 米。有条件地方，可每 667 米$^2$ 施有机肥 50 ~ 60 担，或尿素 10 ~ 15 千克、磷酸钙（含磷 20%）2.5 ~ 5 千克。此外，还可以在竹林内种植绿肥，如苕子、箭筈豌豆等作为竹林的肥料。

**3. 病虫害防治**　毛竹病害主要有枯梢病、水枯病、竹秆锈病等，枯梢病可用 50% 多菌灵可湿性粉剂或 70% 甲基硫菌灵可湿性粉剂 1 000 倍液，或 1% 波尔多液于新竹发枝展叶前喷 2 ~ 3 次。竹秆锈病可在 6~9 月份用 0.5~1 波美度石硫合剂,或 75% 敌磺钠可溶性粉剂 100~150 倍液喷秆或涂秆。竹煤污病可用 0.2~0.3 波美度石硫合剂喷雾防治。毛竹虫害主要有竹笋夜蛾幼虫和笋象蝇,成竹期主要是防治蝗虫危害,每 667 米² 可用敌敌畏烟剂 0.5 千克熏杀。

### (二)适时选留母竹采伐嫩竹

1. **选留母竹** 纸浆用竹林的培育,在"大小年"明显的地方,必须以划片形式建立培育基地,即一片为大年生产年,另一片为小年生产年。大年山每 667 米² 留新竹 200 株左右、母竹 30~40 株,小年山每 667 米² 留新竹 100 株左右、母竹 15~20 株,保证有较多的新竹数。选留新母竹应在当年冬季进行,必须是清明以前的笋才能留作母竹,所留母竹应编号并写上年限,以便适时采伐。一般采伐老龄母竹的年龄应为 8~10 年生及以上,这样才能保证竹林密度和叶面积指数不下降,新竹产量不减少。

2. **采伐嫩竹** 嫩竹是造纸工业的好原料,嫩竹的采伐量原则上是除选留母竹外其余新竹都可以砍伐。一般纸浆用毛竹林,每 667 米² 年产嫩竹 30~50 株,可造手工纸 1~2 担。嫩竹采伐时间为 5 月下旬至 6 月中旬,青竹应在幼竹抽枝后展叶前采伐、即小满至芒种时采伐为宜。

## 五、竹基复合材加工技术

### (一)概 述

随着我国天然林资源保护工程的实施,全国商品材剧减 1/3 以上,国产木材缺口将扩大到 6 000 万米³ 以上,木材供需矛盾进一步加剧,因此大力开发利用竹材势在必行。竹基复合材产品是以竹材为主要原料,利用竹材纵向的高强度,将毛竹、小径竹或竹材加工剩余物等沿纤维导管方向切成片丝状,经高黏合强度无毒胶水高压重组胶合而形成的。产品在质地、防腐耐磨、抗老化性能上均优于木材,并保持了竹子原有的纹路和色泽,而且资源可持续再生利用,符合我国林业产业政策和生态环境保护战略。目前,我国竹基复合材产品突破了传统工艺范畴,逐步扩展应用于家居装饰品、餐具、厨房用具等生产制作,市场前景广阔。

## (二)加工技术

1. **板坯处理技术**　将毛竹及附加值较低的中小径竹、中小木材、竹木加工剩余物进行预处理后选取定长的切片,利用数控机床集成竹基复合材板坯加工技术工艺,通过专用设备和特殊工艺将切下的片材进行剖分、碾压、炭化,再送入胶料池进行浸渍和三防(防霉、防腐和防蛀)处理。将涂胶组坯后送入压机压坯,再经过高温、高压、胶合固化、应力消除,送入平衡库进行恒温定性处理。进一步消除其内应力后,使其 24 小时吸水厚度膨胀率达到要求,经处理过的竹篾压坯热固成竹基复合材板坯材原料。

2. **竹碗坯环加工**　采用数控技术自动取材的竹碗加工生产工艺,竹碗的坯材采用环割方法,数控机床使用 2 把刀 40 度、3 把刀 50 度和 5 把刀 300 度同时斜向进刀环割,切割刀和竹板材呈互返方向同时转动,环割刀根据竹材的大小依次分别进行环割,切割制成不同大小的竹碗坯环。

3. **竹碗拼接铣削**　根据竹碗的形状,依次采用从小到大的叠加,叠加过程中竹纤维纹络相互交错,以增强竹碗的抗裂强度。将拼接好的碗通过铣机进行砂光形成竹碗。

4. **竹基复合材防尘处理**　在采取噪声、粉尘环境保护措施的同时,还应采取工艺、设备的安全防护措施。竹层积板采用先进的工艺和安全可靠设备;料仓等部位均应设置火花探测器及自动灭火装置,关键部位均应装有必要的检测检验设施;原料处理设备要配有自动进料和防护罩,为安全生产提供保证措施。通风降温及对有害气体的控制措施:在建筑有良好通风效果的基础上,强化机械通风,墙上设抽流风机;在高温源附近、工人经常停留处或操作点设移动式风扇,使室内温度不超过室外2℃。

5. 废气控制　在热压机上方设置排气罩,车间墙上设置风机强制通风换气,将车间排放的废气引向室外,由大气自净。在工艺设计上尽量采用机械输送,对于确实需要风送的,采用高效旋风分离器配置袋式除尘器进行二级除尘,使每标准立方米排放的尾气含尘量低于120毫克,烟气经水膜除尘后达标排放,锅炉配备麻石水膜除尘器。

# 六、保健竹炭加工技术

## (一)概　述

竹材主要是由纤维素、半纤维素和木质素组成,纤维素是由44.4%碳元素、5.17%氢元素、43.39%氧元素组成的碳水化合物。竹炭是竹材这种天然高分子化合物受热分解过程中形成的。竹炭的制取方法,因竹材的受热分解情况不同而异,竹材干馏制取竹炭时的热解过程大体上可划分为干燥→预炭化→炭化→煅烧4个阶段。利用毛竹、竹头等原料烧制开发高精度保健竹炭系列产品,既能促进竹类资源的产业化开发,提高毛竹、竹类资源的附加值,又能获得较好的生态效益和社会效益。经窑体温度自控系统烧制炭化后,可生产高精度竹炭;次燃烧时使竹炭电导率由常规的40%～50%提高到80%;数控调节炭化的终点温度、电阻率、可控性炭化炉及中解除碱技术,竹炭产品在环境、保健、医药、高新技术等领域有着广泛的应用前景。

## (二)加工技术

①竹炭的烧制温度,尤其是炭化的终点温度对竹炭性能影响最大。因此,在实际生产中,应根据不同窑型应用不同工艺参数。②炭化的终点温度越高,挥发分含量与精炼度等级值越小,灰分与炭含量增加,电导率增大,竹炭密度相应提高,竹炭的热值渐趋稳定。③由于竹子在不同温度炭化条件下产生不同类型的竹炭,根据竹炭产品不同用途进行温度控制的生产技术,使产品质量高于国内同行。因此,进行新型可控性炭化炉改造和炭粒除尘、除杂及解决黑包侵染问题是关键技术所在。

## (三)技术质量标准

技术质量标准如表 1-1 所示。

表 1-1　技术质量标准

| 名　称 | 一级指标 | 二级指标 |
| --- | --- | --- |
| 含水率(%) | ≤4 | ≤9 |
| 密度(克/厘米$^3$) | ≥1 | <1 |
| 灰分(%) | ≤2 | ≤1.6 |
| 挥发分(%) | ≤6.5 | ≤21.9 |
| 固定炭(%) | ≥91 | ≥76.5 |
| 精炼度 | ≤1.9 | ≤7.8 |
| 电导率(西门子/米) | ≥11 | ≥0.0036 |
| 热值(焦耳/克) | ≥32500 | >30000 |

产品执行《Q/OTYZM 01—1998》企业标准,ISO 9001 品质管理认证。

## (四)工艺技术

①核心技术是通过电阻率测定,关键措施是回火,竹炭烧制过程按不同温度控制能达到不同的效果,方法是采用温控系统进行数控调节,使炭化的终点温度达到产品的质量要求。②燃烧时使竹炭电导率由常规的 40%~50% 提高到 80%。③新型可控性炭化炉,从烧制、干馏、炭化、多敏冷却到产品成型、质量稳定,与常规炉相比较时间从原来每炉 240 小时缩短为 6 小时。④无公害原料制成的加入助剂,进行中解技术处理,即对竹炭进行泡洗除碱处理,有效地解决了黑色侵染问题,进一步提高了产品质量。⑤在片状产品中,采用"新型无 Y 超薄合金切割片"可调式切割板面机座进行切断和分片,使片炭切面平整、光滑,产品合格率大幅提高,从筒炭至片炭加工折率由原来的 65% 上升至 82.8%,片炭长宽误差只有 ±1 毫米。⑥经试验研究,炭片、炭粒在泡洗时加入助剂,除尘除杂效果达 90% 以上,炭片、炭粒干净无尘,并且炭粒 pH 值由 9.5 以上降为 7.5。⑦应用除碱技术所生产的竹炭保健品质量进一步提高。由于在除碱过程中,除去含在炭粒微孔中的各种灰分,使微孔空间进一步扩大,气体导入更为畅通,从而加速除臭和吸湿的速度,产品性能更加优异。

目前,国内生产竹炭均以土窑竹炭坯为第一加工点,以枝柴为热源,经装窑、点火加温,再高温干馏 20 天左右成竹炭坯料,然后根据需要检测电阻率能进行分选,这种炭化工艺时间长、浪费原料、成本高,不能满足市场需求。采用可控温炭化炉,能够生产高精度竹炭,并且能够解决炭粒除尘、除杂及黑包侵染问题,大幅降低生产成本,每炉生产时间由原来的 20 天降为 8 天。

## (五)产品用途

**1. 竹活性炭的吸附功能** 竹炭经水蒸气法活化处理后具有

均匀的细孔状结构,比表面积从 100 米$^2$/克增加至 350 米$^2$/克,具有与椰子壳活性炭同等的比表面积和吸附率。可用于水资源的保护和鱼类等养殖生物的环境改善。

2. **住宅环境材料**　大理石、花岗岩、瓷砖类建材表面容易结露,而胶合板又容易霉烂虫蛀。用竹炭装填地面和墙壁,由于竹炭对水分的吸脱功能,加上竹炭有中和正离子作用,能保持住宅的空气舒适宜人。

3. **水质处理**　因竹炭是多孔性材料,具有大的比表面积和很强的吸附性,能使水分子变小,水质改变,使水质变好。

4. **保健和美容应用**　利用竹炭的多孔结构和吸附特性制作枕头,不但可用于汗水、口水及室内湿气的吸附,而且还可释放出天然的香气。同时,竹炭辐射远红外线,刺激身体经络穴道,可改善身体器官功能,提高睡眠质量。

5. **农业上的应用**　用来改良土壤,促进作物根系生长发育。据研究,桃树施用竹炭可以提高桃产量和品质。高尔夫球场和绿地施用竹炭能使草坪生长良好且管理容易。

6. **高电导性材料**　竹炭具有电磁波屏蔽性、重量轻、耐火耐热、化学稳定性好等特点,可用在电磁波屏蔽和磁场功能的改善,除去居住环境中的有害电磁波。

# 七、高 pH 值清水笋加工技术

## (一)概　述

竹笋不仅是我国人民喜爱的传统食品,也是国际市场的畅销商品。日本食品化学权威古贺教授对纤维组织的食物进行调查分析后得出结论:笋类食品因富含纤维素,经常食用对预防肠癌有一定效果。人们把竹笋誉为天然保健食品,在国内外市场受到普遍欢迎。高 pH 值清水笋加工,是不经酸化处理直接常压杀菌,改变了先经发酵产酸至低 pH 值再常压杀菌的传统工艺,缩短了生产周期,降低了成本,提高了产品质量。应用分析关键控制点体系(HACCP)作业规范,在空气净化、原料无菌处理基础上,采用分段常压杀菌和热氮气等创新技术,生产高 pH 值清水笋,全面改进现有清水笋的生产工艺,使产品质量提高到一个新的档次。

## (二)生产技术

第一,分析关键控制点体系,是目前国际通用的、能确保食品安全的防御体系和常规管理方法。

第二,分段常压杀菌采用热氮气灭菌设备,杀菌条件确定的技术路线:

腐败微生物
耐热性试验 ——— 杀菌条件的计算 ——→ 实罐实验 ——→
食品热传导试验 (温度与时间) (感收指标评价)

实罐接种试验 ——→ 保温贮藏 ——→ 正常样品 ——→ 商业性实罐生

产试验 ——→ 保温贮藏 ——→ 正常样品 ——→ 杀菌工艺条件的确定

第三,空气净化处理、原料减菌化处理。主加工车间:宾馆 1 万级净化处理,要求环境是减菌状态,修整好的原料,进行无菌处理。

## (三)生产工艺

第一,采用低于 100℃ 的温度,分段杀菌和分段冷却新工艺:
原料→精选→预煮→冷却→漂洗→剥皮弹衣→清洗→整形→分形分级→减菌化处理→装罐(空罐 热处理)→封口→分段杀菌→分段冷却→擦罐→(抽检)入库保温→敲罐→检查→包装→成品

第二,生产工艺过程中,最后一道杀菌工序至关重要,杀菌是否彻底直接关系产品的质量和保质期。杀菌工序有一个基本原则,即加工品 pH 值在 4.5 以下(酸性),采用常压杀菌(温度100℃以下,时间视产品而定);加工产品 pH 值在 6~7(中性),采用高压高温杀菌(温度 121℃,时间视产品而定)。笋是中性食品,按要求在装听(罐)封口后须经高压高温杀菌。采用 HACCP 作业规范、车间空气净化、原料减菌处理、热氮气和分段常压杀菌等新技术新工艺,生产高 pH 值的清水笋。

## (四)技术质量指标

如表 1-2 所示。

表 1-2　Q/OWLS 002—2001、高 pH 值清水笋主要技术指标

| 项　目 | 普通优级品 | 一级品 | 项　目 | 高 pH 值优级品 | 一级品 |
|---|---|---|---|---|---|
| 色　泽 | 笋肉呈乳白色,有光泽,汤汁清,允许稍有白色析出物 | 笋肉呈乳白色或黄色,较有光泽,汤汁较清,允许稍有笋衣物和白色析出物 | 色　泽 | 笋肉呈乳白色,有光泽,汤汁清 | 笋肉呈乳白色,较有光泽,汤汁较清 |
| 滋　味气　味 | 具有水煮笋经发酵制成罐头应有的滋味和气味,无异味 | 具有水煮笋经发酵制成罐头应有的滋味和气味,无异味 | 滋　味气　味 | 具有水煮笋独特的风味,无酸味,无异味 | 具有水煮笋独特的风味,无酸味,无异味 |
| pH 值 | 4.2~4.6 | 4.2~4.6 | pH 值 | 6.3~7.0 | 6.0~7.0 |

ISO 9002 质量认证和重金属含量符合 GB 11671 的要求,微生物指标符合罐头食品商业无菌要求。

竹笋加工是农业产业化推广项目之一,充分利用自然资源,通过深加工,提高竹笋产品的附加值,增加农民收入,带动农民脱贫

致富奔小康。随着我国人民生活水平的提高,国民除在笋产季食用鲜笋外,清水笋及其他笋制品可一年四季进入百姓餐桌。据不完全统计,近年国内清水笋销量已超过 5 万吨,由此可见,国内市场潜力巨大。

# 八、毛竹白笋干加工技术

白笋干素有"山珍"的美称,是出口商品之一,远销日本和泰国等东南亚国家及地区。白笋干含有多种营养物质,维生素丰富,香味独特,味道鲜美,多食不腻,有助于消化,是我国传统菜肴的配料佳品,深受广大消费者的喜爱。

## (一)挖笋与剥箨

埋藏在泥土中的冬笋,翌年 4 月下旬至 5 月下旬春笋出土,春笋出土后尾部笋箨有 2 片张开并下弯呈水平状时(称之为"二叶包芯"),即可挖取。笋的高度一般掌握在出土离地面 40~70 厘米为宜。挖笋时要把笋蔸周围的泥土挖开,留有适度的笋头,保持完整的竹笋。挖起的笋必须剥箨,有两种剥箨方法:一是用刀从笋尖到基部,削一直线深达笋肉,然后把刀尖插入笋箨和笋肉相接处,左手握笋,右手持刀往侧方按下,笋箨即可脱掉。二是用刀从笋尖到基部斜切 4~5 刀,深达笋肉,再一手握住笋尖,一手握住基部,反向扭转,笋箨即可脱掉。剥削笋箨时,要保留有效部分笋衣,剥完笋箨后需要削根削头,笋头不可留得太长,但也不可留得太短,否则不符合笋干等级标准。

## (二)蒸制"杀青"

蒸笋灶设有 2 口锅,分为前锅和后锅,灶长 2 米、宽 1 米,前锅为烧火锅,灶口下设通风口,在后锅与前锅灶口直线上后方设有烟囱。锅上排有竹片,其上架 1 个四方架,架长 2 米、宽 1 米、高 1 米,四周和上面用薄膜围封,这样就可以进行蒸笋。蒸笋也称"杀青",目的是用高温杀死笋肉的活细胞,破坏酶的活性,防止竹笋老化,便于压榨脱水和晒(烘)干。其方法是将 2 口锅加满水,锅口上排竹片后,将去箨的笋放入架子内,蒸 3~4 小时即可。白笋"杀青"标准:一是看笋肉是否蒸软,特别是笋的尾部,笋衣部呈似熟非熟状态、用手捏较软即可下锅;二是能听到锅上的笋在蒸制时发出"爆破声",也就是笋干节环的爆裂声,即可下锅。

### (三)漂洗和捅节

笋蒸好后立即放入水池里冷却、漂洗,漂洗以选用纯净流动的深山泉水为宜。漂洗后捞出用铁钉或竹签进行捅节,把笋节内的水排出。漂洗主要是为了除污物和消除霉烂杂菌,以利于仓内贮藏。笋蒸好如果不进行捅节,入仓后压榨过程就会涨风、压不实、有空隙,水分在节内流不出来,霉菌容易侵入,则产生"烂仓"现象。

### (四)入仓压榨管理

白笋压榨在仓内进行,笋仓是一个固定的架子,用厚木板拼构而成,一层一个框架,一直往上叠,利用杠杆原理进行加压脱水。白笋入仓压榨是加工白笋干的关键工序之一。入仓前先在仓底垫上竹片和芦苇,再把白笋从"天窗"内逐一接入仓内进行排设。仓内排笋应注意"齐、均、平"3 字,"齐"即靠仓四面必须笋蔸向外,排列整齐;"均"即排笋时仓内四角笋的软硬必须排列均匀;"平"即排好仓内的笋后,上面必须排平成一个平面,切不可凹凸不平。排笋应做到"中硬边软",这是因为用力的作用点在中间,如果是左软右硬或前软后硬,压榨时左边压实,右边压不实,或前面压实,后面压不实,那么没有压实的地方就有空隙,霉菌就易侵入产生

"烂仓"；如果中软边硬，压榨时中间压榨下落快，形成"凹"形，这样中间渍水，霉菌、酵母菌易侵入产生霉烂和发酵变酸而成为"蛀仓"。

白笋入仓排好以后必须注意保持密封，每隔2~3天给仓内竹笋压榨，以防止霉烂或发酵变酸。同时，在压榨时观察是否有向一边倾斜、是否中间有渍水，若有要即时开榨重排。一般压榨1个月后，方能开榨取出晒(烘)。

## (五)开仓晒(烘)笋干

出仓笋晒(烘)时转色是制作加工白笋干的关键。生产中应注意：选择晴天开仓、晒笋；出仓笋应先放入清水冲洗，洗去脏物以及霉烂杂菌等，抑制其发酵。阴天或雨天开仓，不仅无法晒干，而且沤在一起容易发酵，这样晒干的笋干是黑色的，直接影响到笋农的收入。因此，如果阴雨天开仓必须采用木炭烘干，可用土墙围成长6米、宽3米的小房子进行烘烤。房内中间留1条人行道，两边各设6个燃木炭火坑，上面设3层框架，每层均垫上竹帘。第一层竹片可以宽厚一些、离地面60厘米，第二层离第一层40厘米，第三层离第二层50厘米。笋干的色和香都在火候上，烘烤时炭火不可时旺时暗，必须保持适度的火温。压榨出仓时笋肉应先摊在第一层，第一层烘烤1昼夜、温度在80℃左右，笋肉达三四成干、色泽开始转黄色时转到第二层。第二层继续烘烤2昼夜、温度70℃左右，笋肉达七成干、半软半硬、黄色更深时转到第三层。第三层温度50℃~60℃、烘烤2~3昼夜，根据笋肉厚薄，到笋肉变硬、干透、金黄发亮为止。烘好的笋干，包装后即可出售。烘烤时注意，每层均要经常翻动，使笋干两面均匀烘烤。

# 九、闽北咸菜笋加工技术

闽北咸菜笋具有悠久历史,明代小说《西游记》中就有"用木耳、闽笋、豆腐等做成各种素菜"的记述。闽北咸菜笋鲜美可口,味道清甜醇香,营养丰富,食味独特,是我国传统的菜肴佳品。其加工方法如下。

## (一)选　笋

选用清明以前的春笋,其味道鲜美。清明以后的笋,浸不烂,纤维量高,味道也不好。

## (二)初加工

春笋挖出后剥去笋箨,选择又白又嫩的笋,切去头部和尾部,留中间嫩的部分。然后切成长 10 厘米、宽 7 厘米的笋块。

## (三)煮笋与烤(晒)

将切好的笋块放在锅内并加满水,盖上锅盖煮沸,煮熟后捞起晾干。将晾干的笋块烤(晒)达至六七成干,即表面看去呈风干状、切开内部呈半干半湿时即可浸泡。

## (四)加料和浸泡

将烤(晒)后的干笋块放入瓮内,加上作料、食盐和红酒(注)进行浸泡。红酒用量以瓮内笋块和作料能浸到超出 1~2 厘米为标准。以 25 千克咸菜笋(包括酒在内)计,需加生姜 250 克、黑木耳 500 克、蒜薹 1 千克、萝卜干 1~1.5 千克、五香粉 100 克、白砂糖 250 克、食盐 1 250~1 500 克。装好后,瓮口用纸或布包封住,上面压块砖,或用木板块和泥土把瓮口封严,放在常温环境,使笋干软化、发酵并吸收酸、甜、辣、咸、香等诸味。一般浸泡 3 个月以后即可食用,最佳咸菜笋要放置浸泡 2~3 年。

咸菜笋开瓮食用时应注意:一是掏取时,手必须洗净,不能将污物和水分带入瓮中;二是必须从上至下地依次拿取,不可翻动,否则不易长久保存。

(注:红酒,也称米酒,是闽北地区的土产。以稻谷、糯米为原料,用红曲发酵而成,新酒淡红色,陈酒红绿色,故取名"红酒"。)

# 十、毛竹鲜笋综合加工技术

## (一)笋　丝

清明前后的春笋,从山上挖来后,剥去笋箨削去老的部分,然后直接用刨丝机或用人工刨成丝,放入锅中煮。每 100 千克鲜笋丝加食盐 3 千克,煮沸后翻丝 2 次,再煮沸到熟方可出锅,把出锅的笋丝摊在竹帘上,晒 3~4 天,晒干后就可以装篓。

## (二)笋　片

把刨完笋丝后的春笋,放在锅里煮 1~2 小时,煮到七八成熟,捞起来晾干。把头部切平后,纵切成长 10~15 厘米的条,再人工或机械沿纵向切成 0.3~0.5 厘米厚的薄片,然后摊在竹帘上晒干即成笋片。也可用焙笼烤干,但烤制时必须注意经常翻动,以免烤焦。

## (三)咸笋尾干

咸笋尾干,有的地方称之为"笋咸"。把做笋片留下的尾部剥去笋衣,纵切成 4~5 块,放入锅里煮。每 50 千克笋尾放入食盐 2~3 千克,用水量以笋尾在锅内能浸没为宜。煮时需要经常翻动,约 2 小时后,把煮熟的笋尾捞起来晒干或烤干,其成品的颜色呈黄黑色,具有香咸味。

## (四)笋 衣

在制作笋干、笋片、笋丝时,取下箨基部幼嫩部分及尾部,把它放在蒸笼上蒸熟后,放在竹帘上晒干或烤干,即为笋衣。笋衣的营养价值高,滋味鲜美,其脂肪含量比笋肉高 59%,蛋白质含量比笋肉高 35%,是很好的作料调味品。

# 第二章
# 茶 类

## 一、茶树栽培管理技术

### （一）茶树的生物学特性

茶叶树为亚热带树种，喜温暖湿润的气候，适宜栽培地区年平均温度为 15℃~25℃，年降水量为 1 000~2 000 毫米。以酸性红壤、红黄壤、黄壤的丘陵及高山地区为宜；易旱易涝、石灰质、近中性或碱性土壤不宜栽植。

茶叶生长的最低日平均温度为 10℃，以后随气温的升高而生长增快；日平均温度 15℃~20℃时生长较旺盛，茶叶产量和品质较好；日平均温度超过 20℃时生长虽然旺盛，但茶叶粗老质量差；日平均温度低于 10℃时，茶芽生长停滞进入休眠。一般茶叶新梢生长 4~5 月份为最旺盛期，其次为 7~9 月份。茶叶树新梢不采摘任其自然生长，一般每年只发 2~4 轮茶叶，管理好、采摘技术措施得当可达到 5~8 轮新梢。

## (二)选好茶叶品种和茶园地

茶叶品种的优劣关系到将来投产的茶叶产量和质量,适应市场的需求才能取得较高的经济效益。茶树是一种长寿的常绿树种,定植后可收获几十年。新建茶园是百年大计,选择好茶园地是获取高产稳产的基础。因此,要因地制宜,合理布局,坚持高标准、高质量地进行施工设计,为实现规模化、良种化、机械化生产创造条件。一般应选择交通便利,地势平缓,阳光充足,土层深厚、肥沃、湿润,能排能灌集中连片的红壤、黄壤土为主。茶园地确定后,开垦种植时应以有利水土保持为原则,15°以上的坡地应筑水平梯田,梯田宽不能小于165厘米;坡度大于30°以上的陡坡不宜作茶园,以免水土流失严重,茶树生长不良减产。茶园地不论是平地或梯田均应深耕达70厘米以上。

## (三)种植技术要点

1. **开定植沟施基肥** 种植前应进行土壤深翻并施足基肥。肥料以有机质肥、饼肥和一定数量的磷肥为好,用量依土质而异,一般每667米$^2$施堆厩肥30~50担或饼肥50~100千克、骨粉或过磷酸钾15~25千克。按茶行设计布局,开定植沟施肥,沟深、宽均为20~50厘米,施入肥料后与土壤充分拌匀,盖土耙平再按株丛距种植。

2. **种植方式和造林密度** 一般采用单行条栽(高寒山区茶园),为了提高茶叶树群体对不良环境的抵御能力,以密植密播和培养低矮型茶树比较合适。行丛距90厘米×20厘米×25厘米,每667米$^2$栽茶苗4 000~5 000株。如果是扦插繁殖的茶苗,每穴种植2~4株为宜,待成活后根据茶苗生长情况进行间苗、补植,每穴保留2株即可。栽植完毕即压紧土壤浇定根水。为防止苗木失水,保证成活,种植时茶苗应剪去部分枝叶,在高温旱季必要时还要适当遮阴、浇水抗旱保苗。

### (四)土壤管理

土壤管理是茶叶树栽培技术的中心环节,主要措施包括中耕除草、施肥、水土保持与灌溉等。

1. **中耕** 茶叶树行间松土可防止表土水分蒸发、使水渗到土中,增加土壤孔隙,减少水土流失。一般每年春、夏、秋季各进行 1 次中耕,深度以 7~10 厘米为宜,茶园封行前宜浅耕,封行后结合施肥进行。

2. **施肥** 茶叶树在生长期和多次修剪、采枝叶过程中需要从土壤中吸收大量的养料,因此必须对茶园进行肥料补充,才能稳产高产。施肥量依据树龄树势、采叶量和土壤条件决定,幼龄茶树春夏季结合抗旱以施水肥为主,秋季施基肥,施肥方法以穴施和沟施为好。采叶茶树所需肥料,应以氮肥为主,磷、钾肥次之,一般每采 50 千克鲜茶叶需施氮肥 2~2.5 千克、磷肥 0.5~0.7 千克、钾肥 0.5~0.8 千克。基肥在秋季结合中耕进行,茶树生长发育期、2~9 月份施肥以叶面喷施为佳。追肥多用速效氮肥,如尿素、硫酸铵等。

3. **水土保持** 茶园多建在山坡地上,冲刷严重,要建设好排灌系统。同时,应间种绿肥、盖草、培土,以减少水分蒸发,增加土壤养分,抑制杂草生长,提高茶叶产量。

### (五)树冠管理

为了增强树势,获得高产稳产和延长茶树的经济年龄,修剪是一项重要措施。定型修剪能抑制茶苗顶端优势,促进其侧枝和腋芽萌发,增加有效分枝,扩大树冠,培养强壮的骨干枝。

1. **修剪时期** 一般在地上部生长相对停止,根系生育处于旺盛时期进行修剪为佳(秋季 9~11 月份)。

**2. 修剪程度**　二龄茶苗,高度在 30 厘米以上、开始分枝时,可进行第一次定型修剪,把离地面 15 厘米以上的植株体剪去。三龄苗进行第二次定型修剪,把离地面 30 厘米以上的植株体剪去。四龄苗进行第三次定型修剪,把离地面 40~45 厘米的植株体剪去。

**3. 修剪方法**　第一次修剪用整枝剪,第二、第三次修剪可用篱剪。每次修剪,切口均要平整,以利于伤口愈合。剪时尽量留下分枝的外侧芽,以使植株向外侧伸展。有病害或过于细弱的枝条应当剪去。经 3 次修剪茶叶树基本骨架已养成,即可轻采养蓬。4 年成园后,每 667 米$^2$ 可产茶叶 150~200 千克,管理措施得当可逐年提高产量。对树势衰老、萌芽力不强的老茶树,可视树势分别进行重修剪或台刈。重修剪可从茶树高度的 1/3~1/2 处剪去,台刈可从离地面 4~5 厘米处全部刈去,均在春茶前后进行。

### (六)鲜叶采摘

采摘在茶叶生产中,既是收获过程,又是管理措施,也是制茶工艺的开端。合理采摘是实现茶叶高产优质的重要措施,采摘不当会直接影响茶叶的产量、质量和树势。

**1. 及时采、标准采**　各种茶类对鲜叶原料要求不同,多数红茶、绿茶的采摘标准是 1 芽 2 叶至 1 芽 3 叶;高级茶原料要求 1 芽 1~2 叶,粗老茶可以 1 芽 4~5 叶。生产中,应根据要求标准及时进行采摘,否则芽叶粗老影响质量,同时也影响下轮茶芽的萌发。

**2. 留叶采**　芽叶是茶树主要的营养器官,采茶与茶树生育相矛盾,因此采摘茶叶时应留 1 片真叶,秋季应留鱼叶。生长较差或更新后不久的茶树春、夏季各留 1 片真叶,秋季留鱼叶。茶叶采摘后加工方法,可分为全发酵、不发酵、半发酵 3 种,即为红茶、绿茶、乌龙茶。

### （七）茶树病虫害防治

茶树病虫害对茶叶生产的危害很大，病虫种类很多，目前我国已发现约 400 多种。生产中提倡以栽培技术、人工、物理、生物、化学防治相结合的综合防治技术，充分利用和保护天敌，以生物防治为主，尽量减少施用农药，高残毒农药和剧毒农药应严禁使用。

1. **病害**　茶叶病害主要是茶云纹叶枯病，主要危害老叶、枝和果。防治方法：①清园；②增施肥料，恢复树势；③喷施波尔多液。

2. **虫害**　常见茶叶害虫有根结线虫、茶尺蠖、茶毛虫、长白蚧、小绿叶蝉、茶叶螨等。防治方法：根据不同的虫害，采用不同的防治方法，人工、生物、化学防治相结合。

# 二、茶叶传统手工加工技术

中国茶类之多是世界之最，众多的茶类归纳起来可分为基本茶类和再加工茶类两大类。基本茶类依据发酵程度不同由浅而深，分别是绿茶、白茶、黄茶、乌龙茶（青茶）、红茶、黑茶。茶叶传统手工加工技术如下。

## （一）杀　青

在平锅内手工操作，锅温 200℃～220℃，每锅投叶 200～250克，投叶后叶温要迅速达到 80℃。杀青以抖炒为主，操作要求轻、快、净、散，即手势轻、动作快、捞得净、抖得散。锅温先高后低，以炒到叶色由绿转为暗绿，叶质柔软，略卷成条，折梗不断，青气散失，减重 25%～30%，即可起锅。杀青叶要求不焦边、无爆点，出锅的叶立即簸扬和摊晾散热。

## （二）揉　捻

杀青叶经摊晾后进行揉捻。揉捻在竹匾中进行,采用双手单把或双手双把推揉法。用力要掌握"轻、重、轻"的原则,轻揉 0.5 分钟后抖散团块,再重揉 0.5 分钟抖散,最后轻揉 0.5 分钟,全程需时 1~2 分钟,以基本成条、稍有茶汁溢出为适度。一般每 2 锅杀青叶并作 1 次揉捻。

## （三）初　烘

揉捻后立即上烘,2~3 锅杀青叶并作 1 笼,初烘时笼顶温度应为 90℃~110℃,摊叶厚度在 1 厘米左右。以优质木炭为燃料,大火烘焙,做到快烘、薄摊、勤翻、轻翻,烘至茶叶稍有触手感即出笼摊晾,需烘 20 分钟左右。

## （四）整形提毫

整形提毫是决定茶叶色、香、味、形的关键工序,技术难度较大,须由熟练技师操作。该工序在平锅中进行,投叶时锅温稍高些,控制在 100℃;理条造形时锅温稍低些,70℃左右即可。投叶量视操作人员手掌大小而定,手大则多,手小则少,以方便炒制整形为标准。手势分"滚边抖炒"、"抓捏滚拉"、"滚边团搓",这 3 种手势要灵活运用,交替进行。茶叶下锅后,先"滚边抖炒"数次,待茶叶受热回软后,再用"抓捏滚拉"为主要手法进行理条整形,茶叶从锅心抓拉向锅沿,边抓边捏,并在手中徐徐滚动,使部分茶叶从手虎口吐出,再从锅心抓回,如此反复进行。炒至有黏结感时,用"边抖炒"手法迅速将茶叶抖散,再以"抓捏滚拉"手法将茶叶理顺理直,多次反复交替进行。当炒至稍有触手感时,则以"滚边团搓"手法为主,结合"滚边抖炒"手法将茶叶炒到基本定形,银毫显露(锅边开始出现小茸球),有明显触手感,约八成干时即可起锅摊晾上烘。

### (五)低温焙干

烘笼温度(一般测量烘笼顶端)为 60℃~80℃,两锅整形提毫叶并作 1 笼,均匀薄摊于烘笼上,文火慢焙,焙干温度掌握"高—低—高"的原则。适时翻动,尽量少翻轻翻,以免茶叶断碎影响品质。烘至捻茶呈末,茶香扑鼻,含水量为 5%~6% 时出笼。

### (六)拣剔割末

拣去黄片、杂质,割去茶末后,即可包装待售或贮藏。

# 三、有机茶加工技术

## (一)概 述

有机茶加工农药残留降解技术是在控制污染源的基础上,结合茶叶烘焙工艺,应用一定波长的磁波(远红外和微波处理)照射茶叶或热能直接烘干茶叶,使已进入茶叶中的农药残留吸收热量后至熔点而气态化或分解,成为低毒或无毒物质;铅(Pb)污染控制技术是利用离子之间拮抗或反应后沉淀以及胶体物质对铅的吸附原理,研制能降低铅活性的改良剂和抑制剂。同时,在加工过程中应用无铅污染的机具和燃料,防止铅污染。

## (二)技术要求

1. **技术方案** ①茶园建设。选择无污染的生产基地,选用优质、抗病虫茶树品种,改善茶园生态环境。在茶开发技术上,除了采用传统的农艺技术外,更要注重现代高新技术的应用,如生物有机肥、茶叶有害生物的生态调控及生物杀虫剂的应用。②采用采摘期调控技术,并根据土壤特征采用不同配方施肥。茶园的土壤管理:通过行间铺草覆盖、间作绿肥、测土施肥、平衡施肥以及有机肥料的无害化处理技术培肥土壤。茶园覆盖:通过遮阴、覆盖改变光质,减少光照强度,以降低夏暑茶的碳代谢,提高氮代谢水平,减少苦涩味,提高品质。③在茶栽培管理中应用节本增效技术,引进新型植保机械,实行机械化采茶。芽期调节,应用栽培技术及施叶面肥,通过使部分品种茶树芽期提早或推迟来控制采摘期的洪峰。调查适宜机采的茶园状况,按照机采茶园标准管理茶园,培训机手的操作技术。④采用有效的铅污染调控技术,在铅污染严重的茶园施用铅污染改良剂(钙镁磷肥、白云石粉和腐殖酸等),在保证茶园土壤一定酸性(pH 值≤6)的情况下确定改良剂用量。施用改良剂可结合茶园耕作进行。将智能控制技术用于茶叶加工过程,降低茶叶加工对自然气候和经验操作的依赖性,提高茶叶质量和效益。

2. **技术路线** 有机茶加工工艺示意图如图 2-1 所示。

## (三)厂房要求

1. **茶厂建设** 厂区绿化,生产前厂区清洗消毒,配齐除尘设备和采光灯具,茶叶仓储安全,水源清洁。

2. **加工设备** 选择无污染的加工设备,避免茶叶与铅、铅青铜、铸铝、铝合金直接接触;使用天然材料制成的加工器具和不锈钢等食品级盛具;炉灶、热风炉与车间隔离;易燃易爆设备与车间隔离;配备必要的温湿度检测装置,量化工艺指标;机械设备的清洁及保养。

3. **加工要求** 制定具体的茶标准化加工技术规程,各项指标符合规定标准。鲜叶标准验收;保鲜贮青;茶叶不触地;茶叶包装技术;无污染加工。

4. **人员培训** 进行岗前培训和操作技能培训,提高职工素质。

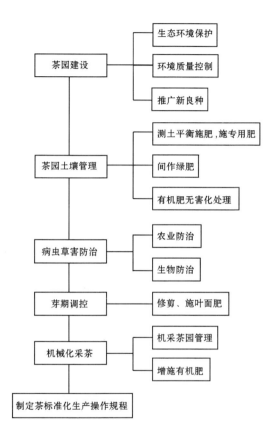

图2-1　有机茶加工工艺示意图

## (四)技术质量指标

第一,生产茶卫生指标如表2-1所示。

表 2-1　生产茶卫生指标达到欧盟标准 2000/24/EC 和 2000/42/EC

| 农药名称 | 主要技术指标<br>（毫克/千克） | 欧盟主要卫生标准<br>（毫克/千克） |
|---|---|---|
| 六六六 | 未检出 | 0.2 |
| 滴滴涕（DDT） | 未检出 | 0.2 |
| 三氯杀螨醇 | 0.1 | 20.0 |
| 氰戊菊酯 | 0.02 | 0.05 |
| 高效氰戊菊酯 | 0.02 | 0.05 |
| 高效氯氟氰菊酯 | 1.0 | 1.0 |
| 甲氰菊酯 | 未检出 | 0.02 |
| 联苯菊酯 | 2.5 | 5.0 |
| 氯氰菊酯 | 未检出 | 0.5 |
| 噻嗪酮 | 未检出 | 0.02 |
| 甲胺磷 | 未检出 | 0.1 |
| 八氯二丙醚（S421） | 0.008 | 0.01 |
| 三唑磷 | 未检出 | 0.05 |
| 铜（Cu） | 30 | 无限量 |
| 铅（Pb） | 2.0 | 5.0 |

第二,茶叶品质正常、无异味,不含非茶夹杂物。水分≤7.5%,灰分≤6.5%。

第三,产品执行质量标准:中华人民共和国农业行业标准无公害食品茶叶（NY 5017—2001）和无公害食品茶叶生产技术规程（NY/T 5018—2001）。

## （五）工艺技术

### 1. 初制工艺流程

鲜叶→晒青→做青→杀青→揉捻→烘干→毛茶

茶优异品质的形成,源于传统、独特、精湛的初制工艺,其过程从鲜叶经过晒青、做青、杀青、揉捻、初烘、复烘、烘干成毛茶7道工序。在茶初制的塑形阶段,容易受铅污染的工序是揉、捻、包揉和烘干,对揉和包揉机械可采用无(低)铅材料制作,烘干工序则需改进炉灶,以防煤灰等进入茶叶。

### 2. 精制工艺流程

精制车间→圆筛、风选→烘焙→摊晾、匀堆→品评质量→包装

不同需求茶的精制过程的制作工艺略有侧重,一般分为8道工序,即拣剔、官堆、烘焙、圆筛、风选、摊晾、匀堆、装箱。"茶为君,火为臣",恰到好处的"火功"(即烘焙过程)是茶精制优劣的关键,要做好农残降解,必须对烘焙工序的每个环节均要有极其严格的操作技术要求。

### 3. 技术要点

①利用温控降解茶叶农残。温控加热降解是直接使茶叶加热至 110℃ ~ 130℃,时间 0.5 ~ 1 小时,热量逐步由外部到达茶叶内部,农药残留物也同时受热,当温度达到其熔点时,农残则气化而降解。该技术可在茶叶烘干中进行,对农残降解率达 45% ~ 55%,要求摊叶均匀、处理周到。②微波和远红外技术是应用发射板(碳化硅板)在加热后发射复合波,穿透到茶叶内部,由内到外同步生热,使农药残留物受热至熔点而气态化或分解,成为低毒或无毒物质。该技术具有处理时间短、速度快的特点,而且可安装在茶叶生产线上,具有降农残、烘干和杀菌等多重效果。技术参数:微波辐射以三级火力处理茶叶 9 分钟为佳,农残降解率达 50% 以上;远红外辐射处理温度 120℃ ~ 150℃,时间 0.5 小时,茶叶与辐射板距离 20 ~ 24 厘米,农残降解率达 58% 以上。

随着物质生活水平的提高,人们对有机茶、无公害茶、品牌茶的需求日益增加。当前农药残留问题一直影响我国茶叶出口,随着我国加入世界贸易组织,茶叶出口面临日益森严的国际贸易"绿色壁垒"。因此,按照标准化生产模式大力发展有机茶,提高茶叶种植和加工水平,具有无限商机。

# 四、武夷山正山小种红茶加工技术

我国有 3 种红茶,即小种红茶、工夫红茶和分级红茶。小种红茶又分为正山小种和人工小种 2 种。正山小种是由武夷山桐木地区首创的,也称星村小种,约始于 18 世纪,是福建所产的特种红茶。正山小种红茶条索肥壮,紧结圆直,色褐红而润泽,汤色浓红,经久耐泡,香高气爽,犹如乌枣香、滋味醇厚,似桂圆汤味,爽口甘甜,为饮料之佳品。

## (一)土壤气候

正山小种产地以桐木村为中心,位于北纬 37°33′~37°54′、东经 117°27′~117°51′之间,区内拥有山林面积约 2 万公顷,茶园面积约 667 公顷,森林覆盖率 97%。四周群山环抱,山高谷深,纵横交错,是福建省气温最低、降水量最多、湿度较大、雾日最多的地方。山岭坡度在 30°~50°之间,平均海拔 1 200 米以上。由于地势较高,空气较稀薄,气压偏低,叶面蒸发量少,使叶片细胞中含有较多的芳香油,增加了茶叶香气成分的含量。桐木地区年降水量 2 300 毫米以上,最大日降雨量 190 毫米,空气相对湿度 80%~85%。丰富的雨水使土壤水分充足、肥沃疏松、有机质含量高,茶树根系发达,新梢旺发。域内年平均温度为 13℃~14℃,年最高温度为 32℃~34℃,最低温度为-11℃~-12℃。由于受地形影响,雾日较多(年平均雾日 100 天以上),日照较短,霜期较长(全年霜期 90~120 天）。山高雾大，一部分阳光被雾气吸收，一部分阳光被树林枝叶遮挡，形成漫射光；再加上气温低，导致茶树光合作用缓慢，既控制了茶芽纤维变粗、提高茶叶持嫩性，又利于糖果类、蛋白、芳香油可溶部分的形成和积累。同时，较短的日照，使茶树叶能形成较多的酚类化合物及氧化产物，利于茶叶香气的形成。产地山体母岩以花岗岩为主，有少部分紫色页岩；1 000 米以下为山地灰化红壤；1 100~1 700 米以山地灰化黄壤为主；1 700 米以上多为山地草甸土，土壤属于亚热带微酸性的山地森林土壤类型，pH值 5~6.5，土壤腐殖层厚 5~10 厘米。优越的自然环境，特别是山地小气候，构成了正山小种红茶品质优越的先决条件，也正是"山高雾多出好茶"之道理所在。

## （二）采制工艺

茶叶每年春、夏 2 次采摘。武夷山桐木地区地势高，天气寒冷，茶树发芽较迟，采摘期也较迟，一般春茶在 5 月上旬（立夏前 2~3 天）开采，6 月下旬采夏茶。鲜叶要有一定成熟度、粗嫩适当，这样加工成茶叶才能茶味甜醇。鲜叶经凋萎、揉捻、转色、过红锅、复揉、熏焙、拣剔、复火等工序制为成茶，需要 20 多个小时。因采茶季节多阴雨天气，大部分凋萎时间在室内进行，俗称"焙青"。焙青的"青楼"分上、下层，中间用木横挡隔开，上铺青席，供摊叶用。焙青时关闭门窗，在地面上用松柴燃烧加温至室温为 28℃~30℃时，把鲜叶均匀抖在青席上，厚度 9~10 厘米。期间每 10~20 分钟翻拌 1 次，防止红青，注意动作要轻而均匀，以免碰伤叶面。鲜叶直接吸收松烟味，这就是茶叶有松烟香味的来源。鲜叶适度凋萎后进行机械揉捻，约 50 分钟。转色，俗称"发酵"，发酵温度保持 30℃左右，空气相对湿度以 98% 为宜。至 80% 以上的茶叶呈红褐色、叶脉变红、青气消失、香气飘出时为发酵适度。若发酵不足，会带有青草味，汤色淡薄，叶底藏青；发酵过度，会带有酸味，汤味红褐,叶底暗红,风味大减。过红锅是正山小种红茶传统加工区工艺中独特的技术关键。锅温在 200℃ 左右,每次投放发酵叶 1.5~2 千克,双手迅速翻炒 2~3 分钟,叶受热后质地柔软,使之转色适时停止,以增加茶香、消减青涩感。同时,保持多酚类化合物不被氧化,使茶汤鲜浓,滋味甜醇,叶底红亮,还能促进条索紧结。随后进行复揉、解块。熏焙促使干燥定型,对增加成茶香味也十分重要。把条茶摊匀在筛子里,放在吊架上,一次干燥,避免条索松散。传统干燥采用松柴明火熏焙,松柴要选含松脂多的,火温应先高后低,毛茶吸收大量松烟,使成茶具有浓厚而纯正的松烟香气和桂圆汤的滋味。现在改用烟道熏焙,毛茶出售前还要进行复火,使其吸足松烟量,含水量不超过 8%,从而形成色、香、味俱全的正山小种红茶。

# 五、矮脚乌龙茶加工技术

矮脚乌龙茶树为无性系品种之一,系乌龙茶上品,有百年以上的栽培历史,原产于福建省建瓯市东峰镇。据专家考证,福建省建瓯市东峰镇桂林村有 9.33 公顷具有 120~150 多年历史的老茶园,共有古茶树 6 090 棵,是当今台湾在国际上享有盛誉的"青心乌龙"和"冻顶乌龙"茶的发源地。2009 年 2 月,这片宝贵的茶树林被福建省农业厅列为第一批福建省茶树优异种质资源保护区。这片矮脚乌龙茶树最高者只有 120 厘米左右,枝叶平展,叶浓绿色,平滑不发光,叶形向下弯曲,叶尖圆钝,主脉特别明显。花朵很小、红白色。

## (一)矮脚乌龙茶特征

矮脚乌龙系灌木类型,分枝部位低,从地面即开始分枝,分枝角度大,树姿开张,长势较旺。叶片略上斜着生,叶长 5.5~8 厘米、宽 2.2～3.3 厘米,花冠直径约 3.7 厘米,短径约 2.9 厘米,叶椭圆形、内折。叶面平,叶尖渐尖而下垂,叶色绿而富光泽,锯齿细浅不明显,嫩芽叶细小,色绿带紫,少茸毛,花瓣 7 瓣,花柱 3 裂,1芽 3 叶,百芽重 28 克。开采期与梅占、毛蟹相近,花期迟,1 芽 3叶盛期在 4 月中旬。产量中等,每 667 米² 产乌龙茶 100 千克以上。抗旱性与抗寒性强,扦插繁殖力较强,成活率较高。原茶制成乌龙茶,外形条索细紧重实、叶端扭曲,色泽褐绿润(乌润),内质香气清高幽长,似蜜桃香,滋味古朴醇厚,汤色清澈呈金黄色。泡十水以上,品质优良,为不可多得之精品。此外,矮脚乌龙除本身宜单独泡茶外,还非常适合作拼茶原料,拼茶不夺其他茶香,能让香味多元化。

## (二)矮脚乌龙茶加工

矮脚乌龙茶一年四季均可采摘,即春茶、秋茶和冬片。春茶在 4 月 20 日(谷雨)前后开始采摘,夏茶在 6 月 20 日(夏至)前后开始采摘,秋茶在 9 月 20 日(秋分)前后开始采摘,冬片在 10 月 20日(霜降)前后开始采摘。采摘标准:茶树新梢长至 3～5 叶将要成熟、顶叶六七成熟时,采下 2～4 叶,俗称"开面采"。

1. **厂房**　远离垃圾场、养殖场、医院、矿山、交通干道等污染源,要求整齐洁净、空气无异味的良好的加工环境,加工人员身体健康、无传染病,加工场所不准吸烟、不准随地吐痰。

2. **分清大类**　毛茶进厂后须对其品质进行验收并归堆。归堆按地域、品种、类别、品质风味、等级、季节等要求进行。闽北乌龙茶按水仙、肉桂、乌龙、奇种、名枞等品种的地域特征、品种特征、季节特征、品质风味分别归堆。

3. **做青**　要在专用的做青车间进行,使用 6CWY-9 型做青机进行做青。先调控好做青房的温湿度,保证青叶的走水、发酵和提香。然后反复摇青、摊晾,经过 15 小时左右,青臭味消失,具有茶叶香气时即可。生产中,加工机械设备型号可根据企业需求选择。

贮青间应清洁卫生,空气流通,空气相对湿度保持80%~90%,室温保持16℃~28℃,送到茶厂的鲜叶应立即摊薄散热,遇到雨水青或露水青应立即脱水。

**(1)晒青(萎凋)操作方式**　一是日光萎凋。晴天傍晚日光斜照或午后阳光不强时可进行晒青,亦可顶棚覆盖活动式遮阳网罩,以便于提早晒青。叶面温度在35℃以下,把茶青均匀薄摊在竹筛上,适时轻手翻动,历时20~40分钟。每个竹筛面积约1.6米²,摊叶0.7~1千克,摊叶厚度2~3厘米。

二是室内加温萎凋。若遇阴雨天,可把鲜叶放在30℃~38℃的热风萎凋槽进行萎凋,把茶青均匀摊在萎凋槽内,每平方米萎凋槽摊叶0.7~0.8千克,每10~20分钟翻动1次。晒青(萎凋)技术要求:晒青(萎凋)的鲜叶减重率为4%~13%,失水均匀,叶色转暗绿色,微带青味,叶梗折弯不断,稍有弹性。

**(2)晾青**　把晒青后的茶青移入室内,翻松后均匀摊放散热,历时0.5~1.5小时,叶色由暗转亮,叶态由软变硬,俗称"返阳",即可摇青。

**(3)摇青**　把晒青、晾青后的茶青装入摇青笼进行摇青,摇青后应及时把茶青倒出,摊放在竹筛上进行晾青,摇青与晾青交替进行,一般进行3~4次,历时8~16小时。摇青转数先少后多,晾青摊叶厚度先薄后厚,晾青时间先短后长,并根据季节、气候等因素灵活掌握。整个摇青过程茶青减重率为6%~14%,青蒂绿腹红镶边,叶色转黄绿色,均匀适度,透出青香,达到所需的发酵程度后可转入杀青工序。

**4. 杀青**　使用6CB-80×160型杀青机,利用高温破坏酶的活性,以保证茶叶的特征特性,提高品质。杀青温度在230℃以上,使青叶去除水分,增加柔性,便于做形。当筒壁温度达250℃~320℃时投入适量摇青叶,进行滚炒,历时4~8分钟。杀青至青叶减重率为 18%~22%,叶色转暗黄绿,叶质柔软,梗折弯不断,有熟香味,即可出筒揉捻。

5. **揉捻** 根据乌龙茶对外形的要求,在专用车间内进行揉捻。杀青叶趁热揉捻,适当重压,快速短时,揉捻时间为 3~6 分钟,初步使杀青叶卷曲成条。

6. **做形** 利用 6WSB-22 型和 6CHR-76 型进行反复做形。

**(1)初烘** 使用 6CL-6 型烘干机,利用烘干机送出的 110℃热风进行第一次烘烤,其主要作用是去水分、固外形、增香气。初烘后进行 0.5~1 小时的摊晾,使茶叶内的水分重新分布,便于做形。初烘温度为 125℃~150℃,摊叶厚度为 1.5 厘米,掌握"高温薄摊快速,适当保持水分"的原则,使茶青减重率为 25%~30%。整形过程中应进行若干次解块和翻动,以利茶团散热及水分均匀分布。

**(2)复烘复包揉** 烘温掌握在 80℃~100℃,进一步减少水分和塑形,使茶胚条形进一步紧结卷曲。

**(3)定型** 经多次包揉使毛茶外形紧结卷曲后,用茶袋束紧茶胚定型 1~2 小时。

**(4)烘干** 茶叶加工制作的最后 1 道工序,使用 6CL-6 型烘干机进行复烘,其目的是把茶叶的水分进一步烘烤干燥,达到产品的水分含量要求,便于进仓存放。分两次进行温度为 80℃~100℃的烘干,第一次烘干后需摊放 1~2 小时,再进行第二次烘干,烘至茶叶含水量在 7% 以下,色泽乌润,香味纯正,下机摊晾便为毛茶。

7. **精制** 通过筛分、风选作业,分清外形的大、小、粗、细、长、短,使各品种外形达到一致的级别规格要求,并剔除梗、片、扑、杂物,提高产品净度。毛茶经拼配归摊、筛分、风选、拣剔、干燥等精制工艺即为成品茶,即可进行包装。

8. **合理拼配** 拼配方案必须参考历年的方案及实施情况,并针对内、外销地区的消费口味进行。拼配时应根据产地、高山、低山、特殊地域、各品种风味、等级、季节、价格等因素来调剂品质风味,使精制的同一级成品茶规格、质量一致,品质常年稳定。

9. 标志、标签

(1)标志　应符合 GB 191 规定。绿色食品茶叶的包装上应有绿色食品的专用标志,具体标注方法和内容按《绿色食品标志管理规定》和其他有关规定执行。

(2)标签　按 GB 7718 规定执行。

10. 包装、运输、贮存

(1)包装　茶叶包装应符合 SB/T 10035 的要求。

(2)运输　运输工具必须清洁、干燥、无异味、无污染;运输时应防雨、防潮、防暴晒;装卸时轻放轻卸,严禁与有毒、有异味(气)、易污染的物品混装、混运。

(3)贮存　按 SB/T 10095 规定进行。在正常运输、贮存条件下,产品自出厂之日起,保质期为 18 个月。

11. 设备清洗　加工季节结束,要对加工车间及设备进行清洗,清洗及加工人员洗涤用水,一律采用茶厂引用符合卫生标准(GB 5749)的自来水。

# 六、水仙茶加工技术

建瓯南雅水仙茶是福建闽北茶类之上品,生产于建瓯市南雅镇,其中沿河一带品质特优,谓之“南路水仙”。南雅水仙茶性温,成品条索壮结,色泽油润,带鳝鱼黄色,叶端扭曲,间带沙绿,呈“蜻蜓头,青蛙腹”。汤色橙黄,浓郁芬芳,叶底肥嫩,红边鲜艳,饮后能生津,提神醒脑,消食解酒,祛毒健身。南雅水仙茶树是 100 多年前由建阳水吉镇大湖村引进的,《建瓯县志》载有:“水仙茶出于大湖之在洋山,其地有岩义山,山上有祝桃仙,西乾茶甲,业茶采樵于山,偶到洞前,得一木似茶而香,逐移栽园中,及长,采制茶叶有奇香,为诸茶冠,但开花不结子,初用插木法获大发达,流传各县,而西乾之茶母,至今犹存"。南雅地处闽北建溪河畔,位于北纬 26°52′,东经 118°18′,茶区自然条件十分优越。境内群山起伏,云雾缭绕,溪流纵横,竹木苍翠,气候温和,雨量充沛,年平均温度 19.9℃,无霜期 330 天,年平均降水量 1 609 毫米,空气相对湿度 81%。土壤肥沃,土层深厚,土壤 pH 值 5~6.5,茶树多种植在土质疏松,有机质含量高,富含磷、钙、镁等矿物质的高山地带。

水仙茶树,属中叶小乔木类型,主干明显,枝条粗壮,叶近水平着生,呈长椭圆形,叶肉较厚,表面油光质厚,嫩梢长而肥壮,芽叶黄色。水仙茶树用压条繁殖法引进南雅后,先在南雅新建村白莲寞种植,以后茶农广为栽种,逐步发展起来。水仙茶每年春茶开采在谷雨前后 2~3 天进行,采制均要在 15 天内结束。鲜叶原料采主芽 3~4 片,采摘后,根据晴、雨、干、湿等不同条件,抓紧时间分别进行晒青、做青、杀青、揉捻、水焙、包揉、足火等工序制成毛茶。由于南雅水仙茶叶肉肥厚,做青必须根据叶厚水多的特点,采取"多摇少做、先摇后做、摇做结合"的方法,以促进鲜叶内含物的转化,控制半发酵的酶促反应过程。待摇做至透散悦鼻的花香气味,叶片在灯光透视下边缘有鲜红的发酵部位显现时,即为做青适度。趁热揉捻后,即进行初焙袋揉(包揉),袋揉是做好南雅水仙外形即条索的有效工序,所谓"蜻蜓头"是从"袋揉"揉出来的。最后以文火焙至干,而足火最好用炭火焙笼慢烘焙,以提高南雅水仙成茶的香气。

水仙茶鲜叶要求是中开面的驻芽二三叶,其工艺有萎凋、做青、炒青、揉捻、烘焙等 5 道工序。

## (一)萎 凋

包括晒青和晾青 2 个环节。

1. 晒青 晒青目的是使鲜叶散发部分水分和青草气,使叶变软,叶温提高,促进酶的活化及内含物发生变化。晒青一般使用直径 116 厘米、边高 4 厘米、孔径 0.66 厘米的水筛,每筛薄摊鲜叶约 0.5 千克,注意芽叶尽量不重叠。一般放在日光不强的地方晒 10 分钟左右为宜。晒青过程以不翻动叶子为佳,以免损伤叶子造成红变。通常情况下晒青程度以叶脉柔软、叶片贴筛为适度。晒青过度,晒伤嫩叶造成"死青",做青时不会"复活",从而影响成茶品质(如茶汤苦涩而香气低沉,成茶外观无光泽而干枯);晒青不足,成茶青草气味重,汤色浑浊滋味苦。

2. 晾青　晾青是把已晒青适度的鲜叶移入室内进行摊晾,降低叶温,防止水分过度蒸发。方法是将 2~3 筛晒青叶并成 1 筛,晾青时间一般以 20~35 分钟为宜。

### (二)做 青

包括碰青和摇青 2 个环节,是决定成茶是否色、香、味俱佳的关键性工序。凤凰水仙茶的做青,通过多次碰青和摇青,使已经萎凋的叶片在缓慢的"复活"过程中继续蒸发叶内水分,并使叶与叶间产生多次摩擦,破坏叶细胞,使茶多酚和叶绿素发生氧化,生成有效内含物。做青时温、湿度要合适,室温以 22℃~26℃ 为宜,空气相对湿度以 70% 以上为好。选择在晚上 7~8 时后,天气凉爽时做青较为适合。

碰青是水仙茶加工的重要技术措施。碰青时手势要轻,手心向上 5 指分开,并注意勿贴筛底,轻捧叶片抖动翻接,翻成圈状"凹"字形堆,让其均匀透气。碰青原则为先少碰后多碰、先轻后重,碰青时间为 2~6 分钟。碰青后静置 1~2 小时。

高档水仙茶全部采用碰青,中档茶及产量大的茶厂则采用碰青和摇青相结合,一般第一、第二次采用碰青,第三、第四次用摇青,第五、第六次则用摇笼摇青,视具体实际情况可以碰青、摇青 6~7 次。做青从晚上 7~8 时至第二天清晨,需 8~12 小时,一般至叶色三分红七分绿或二分红八分绿为止。主要由鲜叶叶色决定,白叶水仙为二分红八分绿,乌叶水仙为三分红七分绿。

做青适度判断:鼻闻以嗅到清香为宜,即青叶青花味消失,果花香明显。外形颜色表现是叶柄变柔软,叶脉水分消失、呈龟背状或汤匙状,叶脉在灯下是透明的。叶片边缘达到二成或三成红,呈银珠红,绿背,朱砂点。手翻动叶子有"沙沙"的响声。

### (三)炒 青

炒青的目的是通过高温破坏叶子中酶的活性,中止氧化作用,利于保持品质和成茶外形及色泽。炒青以"高温、快速、多闷、少透"为原则,使用两炒方法,中间结合揉捻,即两炒两揉法。手工炒青用平锅,第一次温度130℃~140℃,时间4~5分钟。第二次温度稍低,以120℃左右为宜,时间5分钟左右。注意温度要适当,温度过高易产生焦边、焦叶,影响香气滋味;温度太低则易产生红梗红叶,造成青涩、香低味浊等。炒青适度判断:手捏叶片有黏手感,能成团,折梗不断;鼻闻无青草味,微显茶香。

### (四)揉 捻

揉捻的目的是使条索紧结,并破坏叶内细胞,使茶汁溢出附在茶叶表面,耐冲泡。揉捻原则是要热揉,先轻揉后重揉,快揉。可用小型揉茶机,时间不超过10分钟。第一次揉后解块再炒1次,并稍散热,即进行第二次温揉,揉捻方法同第一次,揉捻时间为7~10分钟,至茶条紧结适度。

### (五)烘 焙

水仙茶烘焙采用慢火薄烘,即毛火、足火两次干燥。

1. **毛火** 揉捻叶置于炭火焙笼上,摊放量约0.5千克,烘温80℃~90℃,时间10分钟,每隔2分钟翻1次,注意解去小团块,共翻动3~4次。每次翻动时搬离炭火,避免茶末等掉入火中烧焦,被茶条吸收而影响品质。毛火烘到茶条不黏手、约六成干即下焙笼摊晾。

2. 足火　每个焙笼摊叶 1.5 千克左右,温度 50℃~60℃,烘焙至以手折梗脆断、可捏成粉末状为度,下焙笼摊晾后即可包装贮藏。

# 七、白牡丹白茶加工技术

白牡丹白茶是福建独特外销产品,属于白茶类。白茶主产于闽北政和、松溪、建阳等地,主销我国港、澳地区及东南亚国家,素负盛名,依其花色品种分为"大白"、"水仙白"和"小白" 3 种。采自无性系品种大白茶的嫩芽叶可制成 2 种名贵白茶:一是白毫银针,纯以大白茶的肥壮单芽制成;二是白牡丹,纯以大白茶和水仙品种嫩芽叶制成。"大白"与"水仙白"同属牡丹产品,但水仙白作为拼配大白提高毫香浓度之用。采自有性系菜茶品种的芽叶制成的称为"小白",其产品称为"贡眉"。采自大白茶与菜茶的低级鲜叶制成的产品统称"寿眉"。

政和大白茶属无性系小乔木亚大叶种,芽、叶均比一般菜茶长大肥壮,白毫特别多,叶片柔软,茸毛洁白,这些构成了白牡丹独特外形的先决条件。除了良种外,得天独厚的自然环境也很重要,白牡丹的产地多位于高山区,海拔 200~1 000 米之间,气候温和,雨量充沛,空气新鲜,年平均温度在 18℃~19℃,年降水量在 1 600 毫米以上,年平均空气相对湿度在 78%~82%,而且土层深厚、酸度适宜。茶叶生长茂盛,内含有效物质丰富,加之制茶技术精巧,所以能具备优异的品质和独特的外形。

白牡丹采、制均集中在谷雨前后,一般只采春茶不采夏秋茶。这是因为春茶含全氮、氨基酸等丰富,毫心肥壮,茸毛洁白,身骨沉重,叶质柔软;夏秋茶有效成分减少,纤维素增加,毫心瘦小叶质偏硬,身骨轻飘,香味差。加之夏、秋季天气炎热,难以制得优质产品。采摘标准为 1 芽 2 叶,并要求选取有"三白"的芽叶,即芽、一叶、二叶均有白色的茸毛。按此标准采收的茶叶,加上加工精细才能收到香到铁青白底的佳品。

制作方法分萎凋、拼筛、拣剔、烘焙 4 个步骤,最关键环节是萎凋,而萎凋的好坏则取决于温度、湿度和通风程度的综合影响。因此,看来简单的制茶技术实则难以掌握,天气热易变红,天气冷易变黑。萎凋包括拼筛总历时 50~60 小时。

## (一)萎　凋

采取室内自然萎凋。方法是先将鲜叶置于特制的有空格筛上,每筛放 0.25~0.375 千克,以手腕轻快旋转使叶平铺薄摊在筛上不致重迭,这个操作称为"开青"。然后把筛放在晾青架上,让其徐徐萎凋,切忌翻动。

## (二)拼　筛

正常天气萎凋 40~50 小时后,鲜叶减重达 70%,叶色由浅绿转为深绿,叶背微向后卷缩,毫芽叶色发白,叶两端上翘,俗称"翘尾"。这时芽叶也不粘筛,就可拼筛了,即把 2 筛拼 1 筛。拼筛后继续萎凋,至减重达 80%时再把 2 筛拼 1 筛,拼筛中堆厚约 10 厘米,呈凹形,俗称"渥堆"。"渥堆"可促进积热,起轻度"发酵"作用,还可加速化学变化,与形成白牡丹茶特有的香气并去除青涩味有很重要的关系。同时,通过拼筛,有进一步卷缘、翘尾和加深叶面皱纹等造型作用。萎凋至叶片含水量在 13%左右即可下筛。

## (三)拣　剔

为避免茶叶出现断碎,必须用手指轻轻剔去梗、片、鱼叶(腊叶)、枯焦叶、粗老叶和非茶叶类夹杂物,使其外形、色泽调和光润。

## （四）烘　焙

为保持原枝叶，一般不要求烘焙。但如遇雨天，萎凋失调则又必须进行烘焙时，火温应先高后低，防止火温过高茶叶变形弯曲；火温低色泽转黑。方法是开始用 80℃～90℃（机烘 100℃～120℃），每笼 0.5～1 千克，轻轻翻拌 4～5 次。约 15 分钟后，改用 60℃～70℃文火慢慢焙干，经摊晾、堆放即可。

白牡丹是白茶中的高级产品，是不经炒揉依其鲜叶原状直接萎凋而成的，与其他茶类相比性状殊异，独树一帜。其品质特征：外形，茶身干薄，呈叶片状，叶态保持原枝叶塑形，芽叶连枝，叶背微翻卷，叶尖与叶端翘上，叶面呈浅纹状，形如枯萎花瓣，叶色翠绿或灰绿夹有大量银白毫心，白色绿色相辉映如花朵，故名"白牡丹"；内质，毫香高长、滋味清甜醇爽，汤色橙黄明亮，叶底肥厚嫩匀，芽叶掺半，呈浅灰色，饮之毫味久长，咽后回甜，风味别致。由于其质轻量多，芽叶伸展，评审时称取 3 克，冲泡 2 分钟即可品尝，是一种良好的消暑清凉饮料。

# 八、绿茶加工技术

绿茶是一种珍贵的保健饮品，松溪绿茶更是以卓尔不群的品质，名扬四方，香艳天下。福建松溪县位于武夷山脉南麓，点缀在闽、浙、赣 3 省交界地，因古时沿溪两岸"百里松荫"而得名，自古就有"一剑二瓷三茶"之称。松溪境内峰峦叠嶂、松青溪碧，云蒸雾抱、雨量充沛，夏无酷暑、冬无严寒，土质肥沃。得天独厚的自然生态环境，使松溪绿茶具有"外形紧秀绿润，内质清香持久，汤色嫩绿清澈，滋味清鲜回甜"的优良品质。松溪产茶历史悠久，自北宋起松溪绿茶就成为历代贡茶。境内"天下第一剑山"——湛卢山上存留的摩崖石刻"香岩"茶记、宋元时期名噪一时的九龙窑珠光青瓷茶具、城郊诰屏山风景区中存留的古代茶园和至今生机勃勃的古茶树等,无不为松溪绿茶生产制作的悠久历史提供佐证。20世纪80年代,松溪茶叶单产和品质跃居全省前茅,被誉为"茶叶状元县"。

福建松溪茶叶加工,以绿茶为主,生产的绿茶有蒸青绿茶、烘青绿茶、炒青绿茶3大类,无农残、无污染,最大限度地保留了绿茶中的天然物质成分。绿茶加工可以简单地分为杀青、揉捻和干燥3个步骤,其中关键在于初制的第一道工序,即杀青。鲜叶通过杀青,酶的活性钝化,内含的各种化学成分基本上是在没有酶影响的条件下,由热力作用进行物理化学变化,从而形成了绿茶的品质特征。

## (一)杀 青

杀青对绿茶品质起着决定性作用。通过高温破坏鲜叶中酶的活性,制止多酚类物质氧化,以防叶片红变。同时,蒸发叶内的部分水分,使叶片变软,为揉捻造型创造了条件。随着水分的蒸发,鲜叶中具有青草气的低沸点芳香物质挥发消失,从而使茶叶香气得到改善。除特种茶外,该过程均在杀青机中进行。影响杀青质量的因素有杀青温度、投叶量、杀青机种类及杀青时间和方式等,它们是一个整体,互相牵联制约。

## (二)揉 捻

揉捻是绿茶塑造外形的一道工序。利用外力作用,使叶片揉破变轻,卷转成条,体积缩小且便于冲泡。同时,部分茶汁挤溢附着在叶表面,对提高茶滋味和浓度也有重要作用。制绿茶的揉捻工序有冷揉与热揉之分,所谓冷揉,即杀青叶经过摊晾后揉捻;热揉则是杀青叶不经摊晾而趁热进行的揉捻。嫩叶宜冷揉,以保持黄绿明亮之汤色于嫩绿的叶底;老叶宜热揉,以利条索紧结,减少碎末。目前,除名茶仍用手工操作外,大宗绿茶的揉捻作业已实现机械化。

### (三)干　燥

干燥的目的是蒸发水分,并整理外形,充分发挥茶香。干燥方法有烘干、炒干和晒干 3 种形式,绿茶干燥工序,一般先经过烘干,然后再进行炒干。因揉捻后的茶叶含水量仍很高,如果直接炒干,会在炒干机的锅内很快结成团块,茶汁易黏结锅壁。为此,茶叶应先进行烘干,使含水量降低至符合锅炒的要求。

绿茶具有清心、利肺、排毒、防癌抗癌、杀菌消炎、防衰老等功效,深得专业人士、国内外客商和广大消费者的青睐。全国著名保健医生齐伯力教授在《健康活到一百岁》一书中撰文:"绿茶为七大饮品之首"。

# 第三章
# 果 品 类

## 一、锥栗栽培与加工

### (一)锥栗栽培管理技术

1. **概述** 锥栗,又名榛子、毛榛、栗子、珍珠栗,为壳斗科栗属。锥栗总苞内大多为 1 个坚果,少数为 2 个坚果。果实底圆顶尖,形如锥子,故名锥栗。锥栗是我国原产的著名果品,素有"干果之王"的称誉。锥栗营养价值高,据有关资料记载,每 100 克鲜栗仁中,含淀粉约 28.1 克,可溶性糖约 6.72 克,蛋白质约 4.8 克,脂肪约 1.5 克,维生素 C 约 41 毫克,胡萝卜素约 0.24 毫克,氨基酸约 4 克,还含有多种矿物元素,且食用后易被人体吸收。锥栗与苹果比较,锥栗维生素 C 含量比苹果高 8~10 倍,蛋白质高 20 倍,胡萝卜素、钙、磷、铁等物质也均高于苹果。锥栗用途广泛,栗果可生食、炒食、做菜;树皮、栗花、果实、果壳、树叶、树根均可入药;栗苞可提取烤胶;木材坚硬,纹理致密,抗湿耐腐,是做枕木、桥梁、车船、建筑和家具的优质木材。

世界锥栗主要有欧洲栗、美洲栗、日本栗和中国栗 4 种。我国锥栗以抗病能力强、果实含糖高、糯性强、涩皮易剥离等优良特性及品质而誉满全球,深受国内外消费者的喜爱,有着广阔的发展前景和市场开拓空间。目前,我国锥栗主要出口日本,年出口量在40 000吨以上,并已逐渐进入欧洲、北美、大洋洲市场。

**2. 对环境条件的要求**

(1)**土壤** 锥栗适宜在含有机质较多的沙质壤土中生长,以利于根系生长并产生大量菌根;黏重、通气性差、常有积水的土壤不适宜锥栗生长。锥栗对土壤酸碱度敏感,适宜 pH 值为 4~7.2,最适宜 pH 值为 5~6 的微酸性土壤。

(2)**光照** 锥栗为喜光树种,耐阴性极弱,要求阳光充足,特别是花芽分化期要求较高的光照条件;光照差,只形成雄花而不形成雌花。在光照不足的沟谷地区,树冠直立、枝条徒长细弱,树冠内部和下部枝条容易枯死,所以锥栗适宜种在光照良好的开阔地带。

(3)**温度** 锥栗在年平均温度 10.5℃~21.8℃、最高气温不超过 39.1℃、最低气温不低于-24.5℃的地区,均能正常生长和结果。

(4)**降水量** 南方锥栗适于多雨潮湿的气候,年降水量1 000~2 000毫米,生长期多雨,能促进栗树生长和结实。但雨量过多,特别是阴雨连绵,光照不足,常引起品质下降。

**3. 栽培技术要点**

(1)**土壤管理**

①春季松土 在早春地表刚刚化冻,底土仍冻结时进行春季松土。其作用:一是切断毛细管,防止水分蒸发。二是使土壤表面粗糙,提高地温。松土深度 10~15 厘米,松土后耙细整平。

②夏季覆草 有防止水土流失、抑制杂草生长、减少水分蒸发、增加有机质含量、改变土壤理化性状和防止磷、钾等被土壤固定等作用,一般可在 5~6 月份进行。覆盖材料有干草、稻草等,覆

盖厚度 10~15 厘米。

③夏季中耕　目的是清除盘内杂草,减少水分和养分消耗,利于土壤风化,还具有改土作用。一般在杂草出苗期和果实采收前进行,深度 10~15 厘米。

④秋季深耕　有利于产生新根,疏松土壤,并对防治病虫害有一定的作用。一般在果实采收后结合施基肥进行,深度 20~30 厘米。

**(2)施　肥**

①时间和数量　一是秋季施基肥(新梢停止生长后)。由于锥栗雌花在早春形成,因而上年秋季供肥多少,与雌花数量和质量有密切关系。基肥以有机肥为主,包括厩肥、堆肥、绿肥等,适当配合一些磷、钾肥,一般每株可施有机肥 50~100 千克。施肥方法主要有条状沟施肥、环状沟施肥、放射状沟施肥和盘状撒施 4 种。二是生长期施追肥。追肥时间一般在萌芽前后、授粉期和果实膨大期,追肥以氮、磷、钾为主,包括尿素、硝酸铵、硫酸铵、碳酸氢铵、过磷酸钙、磷酸二氢钾、氮磷钾复合肥(三元复合肥)、硫酸钾、钙镁磷肥等。每株施肥量 0.015~0.15 千克。施肥方法有穴状施肥、盘状撒施等。三是结果期施硼肥。此期可根外喷施 0.3%~0.7% 硼酸或硼砂溶液,也可在春季每株施硼砂 0.1~0.25 千克。

②施肥方法　一是根外施肥。将肥料加入水中,喷洒在树叶上。施用肥料有三元复合肥、尿素、磷酸二氢钾,施肥浓度为 0.3%~0.5%。二是环状沟施肥。在树冠外缘向外挖深、宽各 30~50 厘米的环形沟,将肥料施入沟内,回填部分土与肥料充分混合后,再将剩余的土回填沟内呈泡粑形。此法适用于秋季施基肥。三是条状沟施肥。在树冠枝梢外的位置上,挖宽 50~100 厘米、深 30~50 厘米的条状沟,可以在树两边挖或四边挖,坡地采用在树两边挖。把肥料施入沟内,回填部分土与肥料充分混合后,再将剩余的土回填沟内。挖沟位置应逐年向外扩展。四是放射状施肥。较

大的栗树宜用此法。以树干为中心,放射状挖沟,沟宽 30~40 厘米。深度宜掌握在靠近树干处要浅,以免伤大根,向外逐渐加深。长度视树冠大小而定,要超过树冠。可根据肥料的数量挖 4~8 条放射状沟,翌年沟的位置应加以变化。五是盘状撒施。把肥料均匀地撒在树冠内外的地面上,然后翻入土中。六是穴状施肥。在树冠外缘的地面上,根据树木大小,均匀地挖穴数个,将肥料施入穴内,然后覆土。

(3)**浇水** 锥栗要求水分较多,特别是在新梢加速生长期和果实膨大期,需水量最多且最重要。因此,有水浇条件的栗园,在生长期内干旱时、特别是伏旱时应及时浇水,可结合施肥进行。

(4)**间作** 间作不仅能提高林地经济效益,而且对降低夏季地表温度、减少水分蒸发、促进土壤风化、增加土壤养分、防止水土流失均有良好的作用。间作应选择豆科等矮秆作物,不可间作高秆作物。

(5)**修剪定形** 锥栗为喜光树种,无光不结果,生产中一般采用疏散分层形和自然开心形树形。

①疏散分层形 有中心领导干,干高 1~1.2 米,主枝 5~7 个,第一层 3 个,第二层 1~2 个,若有第三层再留 1~2 个。第一、第二层间距要大于 1.5 米,第二、第三层间距要大于 1 米,主枝之间错落有致,互不重叠,侧枝留在背斜下。

②自然开心形 仅一层主枝,共 3~4 个,向四周均匀分布,基角 70°~80°,形成稀疏开张树冠,每主枝上可配备 2~3 个侧枝。幼树期修剪的主要任务是按整形要求选择和培养各级骨干枝。锥栗的顶端优势强,各骨干枝头常出现 2~3 个势力相近的壮枝,形成二股叉枝或三股叉枝,为避免多头竞争,应选其中 1 个作带头枝,余者疏除。选留枝头时,要注意平衡关系,弱枝头留较强的枝,旺枝头留较弱的枝,过旺枝可选留 1 个强枝短截。延长枝生长过旺时,夏季摘心控制长势,当新梢长至 40~50 厘米时第一次摘心,

以后每长 20 厘米摘心 1 次,除了对枝头长度的控制外,还要控制角度,注意用外向枝带头或行拉枝。对于非骨干枝,除徒长、扰乱树形和过于密挤的之外,一般小枝均缓放不动,以便形成结果枝。对于内膛徒长枝(徒长枝即生长旺盛、直立、节间长、无花芽的枝),如周围没有适当小枝,要通过连续摘心的方式培养成枝组。修剪中要注意剪除秋花、秋蓬,以免消耗养分,影响雌花的形成。

**（6）病虫害防治**

①栗瘿蜂　危害栗芽,受害芽在春季抽生短枝后,即在枝端叶柄、叶脉上形成大瘤,严重时满树虫瘤,导致树势衰弱,产量骤减。该虫以幼虫在被害芽内越冬,开春后随着芽的生长而生长,形成栗瘿。4 月份化蛹,6 月初成虫开始出现,6 月中下旬成虫盛期。初羽化成虫在虫瘿内停留 10~15 天,然后咬圆孔飞出,寻找细弱枝产卵于芽内,每个雌虫可产卵 10 多粒,每芽产卵 2~7 粒。

防治方法:一是冬春修剪时,剪除细弱枝,减低虫口密度。二是春季瘿瘤出现时,摘除瘿瘤。三是成虫羽化盛期,用 40% 乐果乳油 1 000 倍液,或 80% 敌敌畏乳油 800 倍液喷施防治。

②栗红蜘蛛(栗红蜘螨)　主要危害叶片和嫩芽,吸食叶或芽内的汁液,致使叶片呈灰白色,严重时叶片枯焦、早落,造成树势衰弱,栗蓬早黄,栗果干缩,产量和品质降低。由于影响果枝发育,还可导致翌年欠收或绝产。1 年发生 5~9 代,以卵在 1~4 年生枝条上越冬,尤以 1 年生枝条芽的周围及枝条粗糙、缝隙、分叉等处为多,越冬卵随芽萌动而开始孵化。成、若螨均在叶片正面危害,危害高峰为 6~7 月份,一般高温、干旱年份危害重。危害时先沿叶脉失绿呈灰白色斑块,严重时叶片枯焦。

防治方法:一是涂干。5 月上中旬,越冬卵孵化盛期时在主干上涂 40% 乐果乳油 5~10 倍液,根据情况每隔 20 天涂 1 次。二是喷药。发生初期(5 月上中旬和 6 月上旬)喷 2 次 0.2 波美度石硫合剂,或 40% 乐果乳油 1 500 倍液,或 80% 敌敌畏乳油 1 500 倍液。

三是熏蒸。在危害盛期,用氨水 300～400 倍液在同一天分早、中、晚 3 次喷施。

③桃蛀螟　幼虫寄主范围广,危害桃、杏、苹果、锥栗、核桃、梨、石榴、向日葵、玉米、松树等。主要危害栗果,对幼果、栗蓬和成熟果实均可危害,造成幼果、幼蓬早期脱落,或成熟果实果肉空虚,充满虫粪,失去食用价值或在贮运时腐烂。该虫以老熟幼虫在果实仓库、向日葵花盘上、锥栗、核桃树皮缝内及玉米秸内越冬。8 月上旬至 9 月上中旬,成虫将卵产在栗蓬的刺毛间,幼虫孵化后多从蓬柄附近蛀入,被害部位刺毛枯黄。这时幼虫主要危害蓬壁、蓬皮,少数老龄幼虫蛀入果实,受害栗蓬提前开裂。采收后栗蓬堆蓬脱粒期间,幼虫在即将老熟时蛀入果内。

防治方法:一是成虫羽化期间,用灯光诱杀。二是在危害期间将落地栗蓬拾净,并及时采摘被害栗蓬进行集中烧毁,以减少虫源。三是成虫羽化盛期后 10 天,幼虫孵化初期,时间为 8 月上旬至 9 月上中旬,用敌百虫等熏蒸剂熏蒸。四是及时脱粒。栗蓬采下后应尽快脱粒,堆放时间一般不要超过 5 天,防止幼虫蛀果。五是用 50% 敌百虫可湿性粉剂 500 倍液喷洒栗苞,并搅拌均匀后再堆积,以杀死幼虫,或用容器盛药水,提篮装栗果浸入药液中数分钟取出再堆积。六是清理并烧毁栗蓬皮、向日葵花盘、玉米秸等寄主残体。七是清理果库、树木,深翻土壤,以消灭越冬幼虫。

④栗实象甲(栗实象鼻虫)　主要危害栗果。以老熟幼虫在土内越冬,第三年 8～9 月份成虫羽化后出土,取食栗实、嫩枝皮补充营养后,在栗蓬上产卵,9 月份幼虫蛀入果实。栗果成熟后,继续危害一段时间,10～11 月份幼虫脱果入土越冬。第二年幼虫仍在土中生活。成虫寿命 13～20 天,有假死性。幼虫入土深度 10～15 厘米,被害虫果在果内形成虫道,虫粪不排出。

防治方法:一是捕杀成虫。成虫发生期利用早上气温较低、成虫活动性差和假死性,人工振落扑杀。二是 5～7 月份撒毒土,每

667 米²用 4%D-M 粉剂 1.5~2 千克,拌土 25~50 千克,撒施后翻入土中,毒杀未出土的幼虫。三是成虫出现期,每隔 10 天喷 1 次 50%敌百虫可湿性粉剂 500 倍液,共喷 2~3 次。四是及时采收,做到颗粒不留,使幼虫不能脱果入土。堆积栗苞用 50%敌百虫可湿性粉剂 500~1 000 倍液喷杀。果实用 50℃~55℃温水浸果 10 分钟。

⑤金龟子 又叫硬壳虫、六六虫,一般在 5~6 月份大发生,危害嫩梢、叶片、花序,尤其是吃掉雌花,影响产量。

防治方法:一是清晨利用成虫的假死性,摇树后捕杀掉在地上的成虫。二是用杀虫双、乐果等杀虫剂喷施防治。三是锥栗树涂白,配方:生石灰 6 份,石硫合剂 1 份,食盐 1 份,清水 18 份。

**(7)锥栗采收与贮藏**

①采收 当锥栗树上有半数以上栗苞发黄开裂时即可采收。最好的采收方法是让锥栗果自然脱落,每日分几次在地上捡拾,拾后及时贮藏,或将栗苞堆积在室内,几天后取出栗果。

②贮藏 锥栗果收集后,要立即贮藏,以保持水分。最简单易行的方法是湿沙埋藏,方法:在干燥、阴凉、通风的室内,地面上铺一层厚 20 厘米的洁净湿河沙,将经过选择的锥栗果堆于沙上,其厚度为 10~15 厘米,然后在栗果上覆盖湿河沙 10 厘米厚,这样一层栗果一层湿沙,堆至厚 60 厘米左右为止,中间每隔 1 米插一捆两头砍整齐的谷草把,以利通风。贮藏期间每隔 7~10 天翻动 1 次,将腐烂果、虫害果选出后,仍按上述方法堆积,直至出售为止。注意河沙要保持湿润,但是也不能有过多水分。

## (二)锥栗干果加工技术

锥栗,营养丰富,味甜可口。果实含淀粉 64.7%、蛋白质 6%、脂肪 2.8%,并含有人体不可缺少的维生素、蛋白质、氨基酸和胡萝卜素等,其营养高于小麦面粉、大米和薯类。锥栗干果加工和贮藏技术有以下几点。

1. **适时采收**　一般锥栗在 10 月份就可以采收,当刺苞由绿色变为黄褐色,并有 40%~50%的刺苞顶端已微呈十字或一字开裂时,为采收适期。采收过早,未成熟的白栗多,影响锥栗品质和产量。采收方法:一是捡其自然落粒。二是将锥栗树上刺苞一次性击落捡拾。

2. **鲜果贮藏**　将采收来的锥栗放在室内薄薄地晾开,经常性地翻动,使之发汗散热散温。要求房屋空气流通,受阳光直射,周围环境空气清新、无污染,最好有水泥地面。这是因为引起锥栗腐烂主要是腐生性真菌,如黑根霉菌、毛霉菌等,只有创造良好的环境抑制霉菌滋生,才能保护锥栗鲜果不霉烂。贮藏时应注意,锥栗鲜果不能堆在一起,以免堆沤在一起使气温升高,呼吸作用加强,而导致腐烂。同时,还要防止失水,以免失水多,淀粉损失大,锥栗的生命活动下降,抗病能力减弱而导致腐烂。

3. **加工处理**　先用筛子把锥栗选 1 次,将过小锥栗和杂物去掉,并剔除虫蛀栗、破栗、腐烂栗。再用篓筐装上半篓筐锥栗,将装好的锥栗和篓一起放入水池的清水中浸洗几分钟,搅拌篓内锥栗,捞出浮在水面上的漂浮栗和杂物后,用清水冲洗干净。把洗净的锥栗放入锅内加满水,盖上锅盖煮沸,注意要常加水和翻动锅内的锥栗,让其均匀地受热,直至煮沸为止,煮 2~3 小时后捞出几粒剥去外壳,如内部仁果用手捏能成粉湿状即可捞起。

4. **晒干贮藏**　把煮好的锥栗摊放到谷席上,置于阳光下晾晒,晒数天后,剥开锥栗外壳观察其仁果是否干燥,如果仁果能成粒并不带粘毛,摇其干果能发出"咯、咯、咯"的响声,即可贮藏。贮藏时用布袋分装放入仓库内,仓库必须干燥、无霉菌、无鼠害,并且要经常性地把干果拿到阳光下晾晒,防止返潮、生虫、变质,保证干果品质。

## 二、葡萄栽培管理技术

### (一)概 述

葡萄为藤本植物,需架式栽培扶持其生长。葡萄具有发芽早和早结果习性,是果树中种植年龄短而投产快的树种之一,在精心管理下栽植 1 年后枝蔓即爬满架面,第二年即可结果,第三年达到丰产高产。但由于品种不同,其生长特性、花芽分化、坐果性状不同,生产中应采取不同的栽培技术,以取得较高的经济效益。例如,巨峰品种具有落花落果和单性结实的特性,因而要采取以提高坐果为主要环节的栽培技术;红提品种花芽分化不稳定,易大小年结实,因此要采取促进花芽分化为主要环节的栽培技术。

### (二)栽培技术要点

1. **园地选择** 葡萄在土质较差、无灌溉条件的地块均可生长结果,但好的立地条件与较差条件相比,无论在产量上还是在品质上均有极大的区别。排灌条件良好、土质肥沃的地块,种植出的葡萄不仅丰产高产,而且品质优异,市场上价格也较高,极具竞争力;不宜选择沙质土和黏重的土壤种植。生产中要选择地势平坦开阔、光照充足、排灌方便、土层深厚、地下水位在 0.8 米以下的田块,土质以疏松、透气良好的轻壤或壤土为宜,土壤酸碱性以微酸至中性为宜。同时,还要注意交通便利,以利于肥料、果品运输,节省成本,特别是对保持葡萄新鲜度和货架期具有重要作用。在 8 月初挖沟开厢,沟距 2.5 米,沟深、宽均为 50 厘米。挖沟后应及时翻挖厢体,翻挖深度在 30 厘米以上,并整细整平。每 667 米$^2$ 施农家肥或渣肥 5 000~6 000 千克,与富磷钾生物肥 3~5 包混施,并施钙镁磷肥 100 千克、有机复合肥 50~70 千克,施肥后把土与肥拌匀。

**2. 大棚结构**　葡萄生长需架式来扶持,以水平棚架种植葡萄为好。这是因为水平棚架离地面高,架面上下通风透光好,雨后湿气易排除,病害发生轻,枝蔓长势均衡,花芽分化良好,产量高而稳定,果实着色均匀整齐,果粒大,品质优良。可选用拱形镀锌管或竹片搭建棚脊高 3.2 米、宽 6 米、棚长 55 米、南北走向的大棚架。设置肩高 1.8 米,围裙 0.8 米,大棚与大棚间距 1.2 米,大棚四周开排灌沟。顶膜选用宽 8 米的长寿无滴膜,两边棚围裙膜则使用一般农膜。翌年顶膜改作裙膜用,顶膜换新膜。福建的闽北地区高温多雨,适宜采用通风透光良好的水平架栽培葡萄,每个大棚内设置双"T"形小水平架,即在大棚内两侧距棚长边 2.1 米处各立 1 排立柱,共 2 排,立柱间距 4 米,高 1.8 米,柱顶横杆 1 米长,横杆上纵向拉镀锌(或镀铬)8~12 号铁丝 4 条。

**3. 定植**　定植时间为 12 月中旬至翌年 1 月中旬,定植前 2 个月,在大棚距棚长边 1.5 米处,向棚内纵向挖 2 条宽 0.6 米、深 0.5 米的定植沟,定植沟内每 667 米² 施腐熟农家肥 5 000 千克、过磷酸钙 100 千克,与表土拌匀施入,做定植垄。定植前将苗木根系剪留 20~25 厘米长,不足 20 厘米长的根系只剪出新伤口即可,顶端芽眼选好的剪留 2~3 个。苗木剪好后用清水浸泡 24 小时,再喷施石硫合剂 50 倍液消毒。栽植前将定植穴底部的土向中间垒成 1 个小土堡,然后将苗木主根的下端放在土堡上,根系向四周摆好,将土回填一半,用脚踩实。大棚葡萄按株行距 1.5 米×3 米双排定植,每棚栽 74 株(每 667 米² 定植 148 株)。

## (三)田间管理

**1. 整形修剪**　南方高温多雨,葡萄生长量大,生产中宜选用成形快、养分供给均衡、树势稳定的"×"形。当年定植苗留一主梢生长,当主梢长至 1.5 米时摘心,摘心后先端留 2 条副梢培养成第一主枝,2 条主枝长至 0.8~1 米长时摘心,在其基部各选留 1 个生长健壮的枝梢培养成第二主枝,4 条主枝呈"×"形均匀分布在棚架上。主干 1.5 米以下发出的副梢留 1 叶连同夏芽一起抹除,主枝腋芽抽生的副梢视生长势选留部分作结果母枝,其余留 1～2 片叶摘心。"×"形整形方法,关键在于平衡各主枝的生长势,如肥水条件好、管理得当,当年即可成形。冬季修剪时,注意均衡布置各结果母枝的位置,采用单枝更新或双枝更换,防止结果部位外移。

2. **温湿调控**　南方地区一般 2 月中旬巨峰葡萄已通过休眠,应及时覆膜闭棚,并在地面覆膜,促使棚温逐渐提高。萌芽期白天棚温控制在 18℃～25℃、夜间 5℃～15℃,空气相对湿度保持 90% 以上,以促使萌芽整齐;开花坐果期白天温度控制在 20℃～28℃、夜间 10℃～15℃,白天加强通风降低棚室湿度,空气相对湿度控制在 50%～60%,确保开花坐果;果实膨大至着色期,白天温度控制在 28℃～32℃、夜间 15℃左右,空气相对湿度控制在 60%～80%。6 月中旬当外界气温稳定在 18℃时,拆除围裙成避雨栽培,直至采收结束后撤除顶膜。

3. **果梢限控**　果梢的留量影响通风透光,还直接影响到葡萄成熟期。大棚促成栽培每平方米留果穗 4～5 枝、预备梢 5～6 枝,即每 667 米$^2$ 留果穗 2 500～3 000 枝、预备梢 3 000～3 500 枝。果穗在开花前掐去 1/5～1/4 穗尖,落果结束后疏除小、密、畸形果,最后每穗只留 30～50 粒,每 667 米$^2$ 产量控制在 1 200～1 500 千克。结果枝在花穗后 6～7 叶摘心,预备枝生长 7～8 叶时摘心,其余腋芽萌生的副梢留 1 叶摘心,并将其上的夏芽一同抹除(即留单绝后),同时做好绑梢、剪除卷须等工作。

4. **肥水管理**　大棚促成栽培以果定肥,按生产 100 千克葡萄全年需氮(N)0.6～1 千克、磷($P_2O_5$)0.3～0.4 千克、钾($K_2O$)0.7～1.2 千克计算施肥量。以腐熟农家肥为主,配合施用三元复合肥,以前期重氮后期增磷、钾为原则,按萌芽肥、催芽肥、膨果肥、采果肥、基肥顺序分 5 次施入,其中膨果肥施肥量占全年的 1/2 左右,分 2 次追施。南方多雨高湿,在水分管理上应注意排水,尤其在花期和着色后应控水,在萌芽期和膨果期保持土壤湿润即可。

5. **配套措施**  覆膜后用 5 倍 40℃~50℃温水拌石灰氮涂抹在结果母枝的芽眼上(顶芽不涂),保持湿润,打破休眠,促其萌芽整齐。花期用 12 毫克/升赤霉素溶液浸蘸花序,促进果粒增大,提早上市。疏花疏果后喷药套袋时加入 2 000 毫克/升比久溶液,以促进果粒增大,防止新梢徒长,还可促其生长充实通风透光。在覆膜的全过程中,应在晴天日出后半小时开始对大棚施二氧化碳气肥,以提高光合作用,促进早熟。

6. **病害防治**  大棚促成避雨栽培病虫危害较轻,病害以预防为主,治小治了。冬剪结束后彻底清园,覆膜后芽鳞片开绽期喷 3 波美度石硫合剂,展叶 3~4 片时喷药预防黑痘病、霜霉病,花期前 10 天左右加大通风降湿。霜霉病可用 50%腐霉利可湿性粉剂 1 200 倍液,或 50%异菌脲可湿性粉剂 1 000 倍液喷施防治。

# 三、青梅栽培与加工

## (一)青梅栽培管理技术

青梅原产于我国,是蔷薇科李属落叶性果树。青梅优质高产,需要适宜的气候条件、栽培环境和优良的品种,采用合理搭配授粉树和花期放蜂措施,实施科学的栽培管理技术。

1. **选择适宜的栽培环境**  青梅适宜于温暖气候,但较耐寒,花期遇-8℃~-9℃才受冻害,幼果耐寒性减弱,遇-3℃~-5℃即遭冻害。种植地应选择光照条件好、周围没有污染、有充足水源的地方,要求园地土层深厚、肥沃、湿润且排水良好,一般选在较平坦的大山窝或半山腰建立青梅生产基地。

2. **优良品种,合理搭配,花期放蜂**  目前,青梅栽培的优良品种主要有桃梅、李梅、白梅和软枝大粒梅等。种植时除选择这些优良品种外，还应按一定比例搭配花期相同或相近的优良品种作为授粉树。例如，采用80%~90%李梅为主栽，搭配10%~20%桃梅；采用70%桃梅为主栽，可搭配30%李梅；采用60%李梅为主栽，可搭配40%桃梅。对原种植园现有搭配授粉品种不足的，应采取高接换种方法，换上一定比例的授粉品种。生产中除了搭配花期相同或相近的授粉品种外，还应在花期放蜂辅助授粉，一般每667米$^2$果园放养蜜蜂1~2群。

3. **合理密植** 山地、瘦地每667米$^2$种40~60株，平地、肥地每667米$^2$种30~40株。对原种植过密、互相遮蔽、影响光合作用的果园要及时进行间株和重修剪。

4. **加强肥水管理** 幼龄树施肥以勤施、薄施速效肥为原则。结果树每年施肥3次，第一次在采果后，第二次在开花前，第三次在谢花后小果期。花前肥应施足优质有机肥，以人畜粪肥、饼肥或农家肥为主，此次施肥应占全年施肥量的2/3。花蕾期和小果期可根外追施磷酸二氢钾等叶面肥，同时结合施适量石灰，以补充钙质和中和土壤酸碱度。花期和幼果期若遇干旱天气应及时灌水；盛花期若遇浓雾、霜冻应在早晨喷施清水洗雾、洗霜，防止雌花柱头干燥，以利于提高坐果率。每年采果后覆盖一层3~6厘米厚的新土，以保护根系和促进新根生长。

5. **整形修剪** 青梅属于喜光照植物，及时进行整形修剪，有利于形成自然开心形树冠，以促进树冠通风透光。整形从幼龄树开始，留主干高约60厘米进行剪顶，主干上留3条不同方向的主枝，分叉角度为40°~50°。主枝在50~60厘米处再摘心促其分枝，每条主枝留2~3条分枝。这样，树冠骨架基本形成，然后让其继续分枝成自然开心形树冠。结果树应及时进行修剪，第一次修剪在小果期、春梢萌发后或采果后，第二次在开花前。剪去阴枝、枯枝、弱枝、病虫害枝及徒长枝，可促进树冠通风透光，利于养分集中,减少病虫危害。

**6. 病虫害防治**

**(1)虫害** 小果期、春梢萌发期重点防治蚜虫等危害新梢的害虫,可用2.5%高效氯氟氰菊酯乳油1 000倍液喷杀。夏季主要注意防治各种食叶虫,可用菊酯类农药防治。

**(2)病害** 花蕾期、小果期各喷1次0.1%~0.2%硼砂溶液,防治果实流胶病。新梢期、果实膨大期,喷施50%硫菌灵可湿性粉剂800倍液防治黑星病。

病虫害防治应结合进行冬季清园、主干刷白和喷洒松脂合剂或石硫合剂洗枝,消灭越冬病虫源。

**7. 采收** 青梅成熟期,为了提高商品果的质量和产量,调节树体生理功能的平衡,利于树势及时恢复,应实行分期采果。做到先成熟先采收。可分2~3批采收,逐步减轻树体负担,防止水分失调。采收时要小心,防止折断梅枝和擦伤果品。

## (二)青梅干加工技术

福建松溪等地青梅干基本上是靠传统的手工制作而成,流传着"一斤梅撒二两盐"的制作口诀。加工出来的青梅干呈淡黄色,有很强的弹性和韧劲,只要保存得当几年都不会变质。

青梅干制作过程:

第一,从刚采摘的青梅果中挑选优质的,除去有伤痕、有虫眼、有斑点的果子。容器洗净并消毒。

第二,仔细去除掉青梅果的蒂,注意尽量不要弄伤梅果。

第三,将带绿色的青梅放在水中浸泡1夜,带黄色的青梅放在水中浸泡4~5小时,以去除涩味。

第四,将梅果放进浅筐,甩去其上的水,沥干。

第五,沥干水分后,用盐淹渍。1千克青梅约需用200克盐,按照"一斤梅,二两盐"的比例,一层梅果一层盐,撒均匀。

第六,将原料干重 2~3 倍的压石压在原料上。

第七,腌渍期间,注意观察是否有白沫漂在上面,若有白沫则说明之前放的盐量不足,此时应补放些盐。

第八,等到暑伏后,到了夏季最热的大晴天,把青梅从盐渍的容器里捞上来,放在阳光直接晒到的地方,晒 3 昼夜。期间晒 1 天后,把青梅放在其渗出来的果汁里浸一浸,再晒。

第九,晒制完成后,将青梅干放进容器里密封保存。

# 四、建阳桔柚栽培管理技术

## (一)概　述

福建建阳桔柚原为甜春桔柚,于 20 世纪 80 年代初从日本引进,经过 20 多年的人工栽培驯化,已成为建阳市当地特色的名特优水果。建阳桔柚一般在 11 月下旬至 12 月上旬成熟,单果重 180~250 克,果实扁圆形,外观艳丽,肉质细嫩,汁液丰富。果肉橙黄色,可溶性固体物 11%~14%,可滴定酸 0.96%,可食率达 87%。抗病虫,耐贮藏。桔柚品种于 2003 年通过福建省非主要农作物品种审定委员会鉴定,系自主创新成果品种。2007 年建阳市被国家授予"中国优质果品基地重点县"。该果品品质上佳,无核化渣,清甜汁多,产量一直不高,每 667 米² 产量不到 500 千克。近年来,针对其花量多、花期长、生长旺、直立性强、顶端优势明显、落花落果和异常落果严重的特点,进行了优质高产栽培技术研究,每 667 米² 产量提升至 2 000~3 000 千克,且连续年年丰产。

## (二)嫁接技术

对于树势衰弱、品种老化的果园,可采取高接换种方法逐年更新果园,具体方法步骤如下:

**1. 中间砧品种选择**　以枳砧温柑、枳砧甜橙为好。有核品种高接后,在管理中要去除中间砧的所有萌芽,以防授粉后使建阳桔柚有核化。

**2. 嫁接时间**　每年秋季 8~9 月份和春季 3~4 月份嫁接为好。

**3. 嫁接园的前期管理**　对失管的高接园,要在前 1 年秋季对高接树进行扩穴改土,促发须根,积累营养。春天嫁接前 10 天追施 1 次速效化肥,同时根据整形和嫁接要求锯砧,锯掉中央直立枝、严重病虫枝,留树高度为 1~1.2 米,树形为自然开心形。保留下部辅养枝。

**4. 嫁接法**　每株嫁接芽 20~30 个,注意上下不重叠,左右芽距约为 40 厘米,最好接在粗 1 厘米左右的枝条上,以利包合。

**5. 接后管理**　①补接。防止因死芽出现树冠空洞。②追肥。接后 10~20 天追施 1 次化肥。③抹芽除萌,确保接芽生长。④防治虫害。主要有灰象甲、金龟子,可通过树干涂白、防日晒,达到保护树体的目的。⑤接芽管理。接芽长至 20~30 厘米长时及时打顶,促发多级分枝。⑥施好秋季大肥,以备翌年结果。

**6. 第二年结果的树体标准**　以成活芽 20 个计算,放好三道梢,末级有效秋梢达 80 条以上,翌年 2/3 秋梢(60 条以上)结果,20 条枝条延长生长,每株产量达 12.5 千克以上,每 667 米² 产量达 750 千克以上。

## (三)控制树势

桔柚长势旺,顶端优势较强,往往顶枝疯长,内膛光秃,造成果园郁闭,表层结果,冲梢落果后,少量的顶果为厚皮大果,不堪食用,低产劣质。因此,树冠管理的原则是"压顶开心,抑制旺长"。生产中应从幼年树开始,采用拉枝等方法培养开心形树冠。对成年郁闭园的改造,主要有以下几项措施。

第一,去除中央直立枝。每年锯掉2个左右的中央直立枝,以防产量骤减。同时,及时用利刀削去锯口的萌蘖,以防中央又出现徒长枝。每株树留3~4个主枝。

第二,回缩主枝上的旺枝。各主枝外围顶部常有如钓鱼杆状的旺枝,这些旺枝花量大,结果性差,所结果实为粗皮大果。因此,应在采果后或翌年春季开花前回缩或疏除,促进下部分生健壮春梢。

第三,有空间的地方可以用拉枝来扩大树冠,以抑上促下,壮实内膛。

### (四)抑制旺长

桔柚顶部旺长会引发不正常的大量落果,控制旺长是取得丰产的关键。

1. 压旺控长　营养生长过旺的树,叶宽厚、枝粗长、外荫而内空,应采取措施促使其向生殖生长转变。可在10月份扩穴晾根,并在花蕾期进行环割。在5月初环割或环扎,可促使开花挂果,达到以果压树之目的。

2. 调控新梢

(1)春梢处理　保留适量的春梢:成年树上,春梢是最好的结果母枝,正确处理春梢营养枝和春梢结果枝的比例关系,是建阳桔柚连年丰产的核心。由于建阳桔柚花量大,落花落果较严重,因此在花蕾露白期就要开始处理春梢营养枝,使春梢营养枝与春梢结果枝的比例控制在0.8~1∶1。这是因为一部分落花落果枝在翌年能成为母枝,可以确保稳果后翌年母枝的数量。过多的春梢营养枝必须疏除,保留4~6叶的春梢营养枝是翌年最好的母枝,如果春梢营养枝量过少,应吐放适量的秋梢补充。

(2)夏梢处理　抹除夏梢:除了树冠补空需要外,所有夏梢应从5月份起多次抹除,以防引发梢、果矛盾而大量落果。

（3）**秋梢处理** 酌情放秋梢:秋梢是很好的结果母枝,对于扩大树冠、完美树形、提高产量均有重要作用,幼年树当末级秋梢数量达到每 667 米$^2$ 4 000 条以上时,即进入初结果期,每 667 米$^2$ 产量可达 500~750 千克。对幼年树,外围秋梢用于延伸树冠,要在10 月份短截,以促发营养性春梢。待果实直径大于 3 厘米时(6 月下旬)可以放一部分夏梢,夏梢长至 30 厘米时留 25 厘米打顶,到8 月 20~25 日可再放 1 次秋梢,这样既可保住当年产量,又能迅速扩大树冠,争取翌年产量翻番。对成年树而言,除了树冠补空、回缩更新枝组、补充春梢母枝不足外,一般不放或放少量秋梢,留着翌年结果的秋梢要在 25 厘米长时"掐尖"(即掐去新梢生长点,相当于"自剪"的那一部分嫩芽)。

3. **调控花果** 建阳桔柚花量大、花期长,是造成落花落果严重、产量低的原因之一,因此合理调节花量和果量具有重要意义。

（1）**促花** 通过补充微肥等措施保果。可在 10 月份结合扩穴施肥,拌入微肥,或树冠喷施微肥,微肥以镁、锌、锰为主,在蕾期结合保蕾喷施微肥。

（2）**保蕾** 主要是防治花蕾蛆,在花蕾露白时用 80% 敌敌畏乳油 800 倍液+40% 乐果乳油 800 倍液+"5406"细胞分裂素 400倍液+硼砂 1 000 倍液喷雾,如越冬红蜘蛛虫口密度达 5 头/叶,要加杀螨剂防治。

（3）**疏花** 蕾期疏蕾,主要针对落叶枝、细弱枝、花序枝、荫蔽下垂枝,这些枝条营养不良,多花、无果,要予以删除,以减少花量。长枝可在花蕾饱满处适当短截,短截口处最好有叶花。

（4）**保果** 在落花 2/3 时进行第一次保果,可喷施"5406"细胞分裂素 400 倍液。15 天后进行第二次保果,可用赤霉素 1 克加水 15 升喷雾。在第一次生理落果稳定后,喷施"硕丰 481" 1 500倍液,或对旺树、旺枝进行环割或环扎,以有效防止二次落果。在幼果期,用沼气上清液喷施 2~3 次,或用过磷酸钙浸出液(过磷酸钙 1.25 千克加凉水 50 升、60℃温水 5 升浸泡 24 小时,再将滤出液加清水 50 升喷雾)。此法成本低,既可保果、改善果品质量,又可延长果品保鲜期。防止采前落果措施:一是控制晚秋梢;二是营养供应均衡,勿断缺;三是防止异常降温影响,可在 11 月上旬喷 1 次"5406"细胞分裂素 400 倍液,以提高抗性。

(5)**疏果**　结合果实套袋,疏去畸形果、病虫果、小果、特大果,一般在 6 月上中旬完成。套袋前进行果面清洁,喷布杀螨剂、杀菌剂。

## (五)施肥管理

桔柚长势旺,成花易,花量大,花期长,大小果差异大,挂果期长,其营养消耗量大,导致花果发育不良,落花落果严重。因此,生产中应掌握科学施肥技术,提供充足的土壤肥力,促进树体营养积累,确保优质高产。

1. **加大施肥量**　试验表明,桔柚需肥量比温州蜜柑高 10%~20%,每 667 米$^2$ 产量 3 000 千克全年需氮 27~30 千克、磷 18~20 千克、钾 27~30 千克,需施厩肥 4 000~5 000 千克、石灰 100 千克、菜饼 350~500 千克、尿素 35~40 千克、过磷酸钙 35~40 千克、硫酸钾 45~50 千克。

2. **注意使用微肥**　桔柚对镁、锌、硼较为敏感,特别是镁,生产中要结合改土施入镁肥。

3. **施肥方法**

(1)**花前肥**　2 月下旬至 3 月上旬施用,施肥量占追肥量的20%,以增加有叶花的比例,促进花朵发育。

(2)**稳果肥和壮果肥**　根据树体营养生长与生殖生长的平衡标准酌情施用,目的是稳定树势不旺长,同时又能满足果实发育需要的营养,防止缺肥落果和小果。一般以叶果比 30~35∶1 为理想指标,这样果实大小适中,品质最优,而且树势稳健。故稳果肥和壮果肥可灵活施用,占全年追肥用量的 35% 左右,一般在 5～7 月份施用。

**(3) 重施秋肥**　时间为 9 月中旬至 10 月中下旬,厩肥、饼肥 要全部施入,速效肥用量占全年的 20%。目的是积累营养,供应 翌年开花结果所需的大量养分。

**(4) 补施采果肥**　在采果前 7 天施用,占全年追肥用量 的 25%。

## (六)病虫害防治

1. **病害**　桔柚有较强的抗病性,一般无需喷布杀菌剂,主要 是注意防治炭疽病。在保果时和果实采收前 1 个月各喷 1 次代森 锰锌(按说明书),对果面着色和光洁度有理想效果。

2. **虫害**

**(1) 螨类**　可以放捕食螨,1 年后即可达到全面控制螨害。成 年果园一般在 2～7 月份为盛发期,3～6 月份为高峰期;幼树常在 春末夏初和秋末冬初盛发,有 2 个高峰期。可选用药剂轮换挑治, 可用 20% 哒螨灵可湿性粉剂 4 000 倍液,或 5% 噻螨酮乳油 2 000～ 3 000 倍液,或 7.3% 炔螨特乳油 2 000～3 000 倍液,或 20% 四螨嗪 悬浮剂 3 000 倍液喷施。

**(2) 花蕾蛆**　当花蕾直径达 2～3 毫米时,向花蕾喷施 40.7% 毒死蜱乳油 2 000 倍液,或 25% 杀虫双水剂 500～1 000 倍液,隔 7 天 1 次,连喷 2 次。

**(3) 潜叶蛾**　在放夏秋梢时用 15% 丁硫·吡虫啉乳油 1 500 倍液,或 50 克/升氟虫脲水分散液剂 2 000 倍液喷雾。

# 五、翠冠梨栽培管理技术

翠冠梨是杂交品种,树势健壮,生长势强,萌芽率高,成枝力强,丰产,抗性强,果实大,平均单果重 230 克。果实长圆形,果皮黄绿色、平滑,有少量锈斑。果肉白色,肉质细嫩酥脆,汁多味甜,果心较小,含可溶性固形物 11.5%~13.5%,品质上等。建瓯市玉山镇翠冠梨一般在 7 月中旬成熟。

## (一)建　园

1. **园地区划**　①选地。梨适应性强,但以土层深厚、肥沃、排灌方便、背风向阳的地段为好。山地栽培,注意土壤改良和水土保持。②划分小区作业。山地栽培,因地制宜,梯田长度以 50 米左右为一小区,平地河滩地块长 50~100 米为宜,每 2~3 个小区为一个作业区。③规划道路和排灌系统。为便于机械运输、打药和抗旱排水,应使主干道与外公路相接,干道、支道将作业区、小区分割。④防风林建设。防风林东西方向排列,乔木、灌木高矮搭配并与果树同时栽植。

2. **配置授粉品种**　梨是异花授粉植物,生产上必须配备足够的授粉品种,授粉树与主栽品种比例一般为 1∶4,并且尽量选择授粉品种也是主栽品种,如清香、新雅、黄花、幸水等。

3. **栽植**　①栽植时期。自梨苗落叶至翌年早春萌芽前均可栽植,但以秋季栽植苗木成活率高、缓苗期短、生长旺盛。②栽植密度。南北行向,宽行密植,株距 2~3 米,行距 3~3.5 米。③控大穴或撩壕栽培。按株行距放样挖长×宽×高为 1 米×1 米×1 米的大穴或宽×高为 1 米×1 米的壕沟,全园撒施生石灰,底层放树枝、杂草或垃圾,分层还表土后施入有机肥和磷、钾复合肥等,回填底层的生土,并且需高出地平面 20~30 厘米,挖定植穴栽培。

## (二)梨园管理

1. **土壤管理**　梨为深根性果树,要想获得高产,必须为根系创造一个良好的生长环境。幼年梨园行间较宽,上半年可间种西瓜,后期间种三叶草、满园花、紫云英等绿肥,结合深翻压绿改良土壤,并可实现幼年园"以瓜养梨"的目的。成年梨园生长季采用清耕覆盖法,冬季播种紫云英等绿肥,翌年开春结合深翻埋入土中。对山坡地梨园,为避免水土流失,可播种多年生绿肥,不耕翻,只刈草覆盖。

2. 施肥　施肥是梨获得高产优质的重要措施,生产中可根据施肥时期、树龄、产量、树势、土壤肥力等因素确定施肥量。一般认为每生产 100 千克果实需氮 0.3 千克、磷 0.15 千克、钾 0.3 千克;南方雨水多,土壤贫瘠,施用标准要适当提高。

(1)基肥　以有机肥为主,在采果后至落叶前施用,结合一些速效肥,一般占全年施肥量的 60%~70%,磷肥全部施入。

(2)追肥　全年施 3 次追肥,以速效性肥料为主,第一次为花前肥,在萌芽后至开花前施用;第二次为壮果肥,于生长后期、果实第二次膨大前进行;第三次为采前肥,于采果前进行。除根系施肥外,还可进行叶面追肥,结合病虫害防治进行,如喷施 0.2% 尿素溶液、0.2% 磷配二氢钾溶液、0.2% 硼肥等。

3. 水分管理　南方降雨量较大,但不均匀。梨为生理耐旱能力弱的树种,要想正常生长发育,获得丰产优质,必须进行灌溉,尤以果实迅速增大期需水量最多。同时,梨较耐湿,但连绵雨季要注意排水,防止土壤过湿通气不良,造成叶色黄绿、生长不良、早脱落。

## (三)整形修剪

通过整形修剪,构成牢固的骨架结构,平衡树势,开张树形,调节生长与结果的矛盾,达到早果、丰产、稳产和延长经济寿命的目的。

梨的树形很多,目前常采用的是疏散分层延迟开心形。苗木定干高度为 50 厘米左右,苗木栽后第二年至第五年留 1 个中央主

干,第一层培养 3~4 个主枝、多个副主枝和侧枝;第二层培养 2~3
个主枝,多个副主枝,层间距 100~120 厘米,树高控制在 2.5 米左
右。主枝开张角度为 45°~50°,以轻剪长放为主。第六年以后,主
枝、副主枝加粗,分枝增多,对中央主干采用回缩修剪,使树形第二
层变为开心形,以改善树冠内的通风透光条件,提高品质。

### (四)花果调节

1. **保花保果**　保花保果的根本措施是加强梨园土、肥、水管
理和病虫害防治,使树体生长健壮,营养充足,确保正常开花结果。
在此基础上,若花期遇连续阴雨,则需采取人工辅助授粉、花期放
蜂、喷施 0.2%~0.5% 硼酸等措施,以促进授粉受精。对营养生长
过旺的幼年树或徒长性结果枝,可进行环割或环剥,抑制营养生
长,以保证果实的生长。

2. **疏花疏果**　疏花疏果是为调节树体的合理负载,保证稳
产、丰产、优质。疏花分为疏花序和疏花朵两种,疏花序较为简便,
可结合花前复剪进行。具体方法:疏弱留强,疏密留稀,疏外留内。
疏果,第一次落果后开始至 5 月上旬完成,具体方法:弱树和果多
的树早疏、重疏;旺树和果少的树晚疏、少疏。做到留大果,疏小
果;留好果,疏病虫果、畸形果;留边果,疏中心果。

### (五)果实套袋

果实套袋能有效防止病、虫、鸟危害,改善外观品质,降低农药
残留量,提高商品性,延长市场供应期,增强产品竞争力。

1. **套袋时期**　一般在谢花后 20~45 天之内完成,在疏果定果
后立即套袋。

2. **套袋材料**　选择专用果袋,根据果实的大小,选择不同的
型号,以内黑外灰双层果袋为佳。

3. **套袋方法**　先撑开袋口,左手托起袋底,撑开整个果袋,使

袋底 2 个通气排水口张开,然后套住果实,按折扇方式收紧袋口,并用袋口扎丝扎紧,使果实在袋内悬空,避免擦伤果实、折伤果梗。

## (六)病虫害防治

1. **休眠期**　11 月份至翌年 2 月份为休眠期,主要消灭越冬病虫。落叶后进行全面清园,剪去病虫枝,清除落叶、烂果、枯草等,深翻土地,以减少越冬病虫。成年梨园,刮除病斑、翘皮并涂石硫合剂药渣,树干涂白。

2. **3~5 月份防治**　①萌芽前喷施 1 次 5 波美度石硫合剂+0.3%五氯酚钠溶液,同时对附近的桧柏、龙柏喷药,防治梨锈病。②在花序分离期,用 10% 吡虫啉可湿性粉剂 2 000~3 000 倍液+70%硫菌灵可湿性粉剂 800 倍液喷施,防治蚜虫、梨大食心虫等。③谢花末期喷施 65%代森锰锌可湿性粉剂 500 倍液,或 25%三唑酮可湿性粉剂 1 000~1 500 倍液。④4 月上旬喷施 70%硫菌灵可湿性粉剂 800 倍液+2.5%溴氰菊酯乳油 2 000 倍液+80%敌敌畏乳油 1 000 倍液,防治黑斑病、锈病木虱、梨网蝽等。⑤5 月份共喷药防治病虫害 2~3 次,可用吡虫啉、阿维菌素、多菌灵、百菌清等药剂交替喷施。

3. **6~11 月份防治**　根据病虫害发生情况,7 月初开始诱杀吸果夜蛾。9~11 月份根据病虫情况喷药,特别注意喷施波尔多液。

## (七)果实采收

1. **采收时期**　在果面已呈现该品种固有色泽,果肉由硬变脆,果梗易与果台脱离,种子变为褐色,即可采收,选择晴天露水干后进行。

2. **采收方法**　采摘时,用手握住果实,轻轻向上一托即可,忌用力向下拉扯,采摘应自下而上、先外后内进行。果实采收后立即分级,高档果应单果包装,先用软纸包裹,外面再套泡膜网套。将包装的果品放入有格的纸箱内,箱上标明果品个数、重量、产地、注册商标、联系电话,以利创造品牌,拓宽市场。

# 六、油柰栽培与加工

## (一)油柰栽培管理技术

油柰以果大质优、核小肉厚、脆甜味香、较本地其他水果晚熟、既可鲜食又适加工、早产高产等优点在水果市场上占有一席之地。

1. **快速育苗**　苗木是发展果树生产的基础,苗木质量不仅关系到栽植成活率、生长快慢、结果的迟早及抗逆性等,还关系到建园后多年内的经济效益。因此,按需培育与提供质优纯正苗木是果树生产赋予的重要使命。为适应油柰商品生产的需要,应推行"三当"(当年播种、当年嫁接、当年成苗出圃)快速育苗法,缩短育苗期限,培育优质苗木,以满足大面积生产的需求。

(1)**苗圃地选择**　油柰"三当"快速育苗对圃地要求:①水源充足,能按需灌溉,满足嫁接后催芽萌发和生长的要求;②土质深厚、疏松、肥沃、透气性好的中性土或微碱性土;③选用地势较平坦开阔、向阳、光照充足、排灌便利、交通条件较好的地块;注意不要用栽过桃、李的园地作苗圃。油柰连作易染病,需切记避免。

(2)**整地施肥**　将苗圃地翻耕 30~40 厘米深,将土拍碎耙平,清除杂草,然后做畦,畦宽 1.2 米、高 15 厘米。结合整地每 667 米$^2$ 施火土灰 1 500 千克以上,拌入人粪尿或猪粪尿 500~1 000 千克撒于畦面,与土壤拌匀后待播。

(3)**砧木品种选择**　毛樱桃作油柰的矮化砧,嫁接性好,应首选之。也可用毛桃作砧木。

(4)**砧木种子采集与收藏**　砧木种子采集时间为 8 月左右,

要采收成熟的果子。采收后堆集于阴凉之地让其沤烂果肉,堆沤温度控制在25℃~30℃,每隔7天翻动1次,腐烂后拿到流水河中或沟渠中淘洗出种子。采用湿润沙藏法进行贮藏,方法:选阴凉干燥处挖50厘米左右的深沟,在沟底铺6厘米厚的湿沙,之后一层种子一层湿沙往复层积,直到离地面10厘米左右时,用湿沙盖平地面。然后用土垒培成龟背形,并进行覆盖和遮阴保湿,四周开排水沟,防止雨水浸入造成烂种。层积时间为90天左右。

（5）播种

①播种时间　适宜播种期为10~11月份。

②播种量　一般采用"苗床撒播、地膜覆盖、芽苗移栽"法,每667米² 苗床播种量为600千克左右。

③种子处理　经湿润沙藏的种子取出后直接播种即可。若是干籽,应进行温水泡种,冷却后再继续浸泡3~4天。

④播种方法　床土整细整平,将种子均匀地撒播于床面,用土杂肥盖没种子,再于表面铺一层锯木屑或细沙等疏松物,以防板结。播后随即浇水、盖地膜,并撒些土于膜上,最后覆盖草等遮阳物。

（6）播后管理

①播种至出苗期管理　种子萌芽到出苗前,应注意保持圃内湿度。种子大量出苗后,应及时揭除地膜和覆盖物,防止苗茎弯曲。

②分苗移栽　当苗芽展现3~4叶时为分苗移栽适期。按常规方法整地做畦,开移栽沟,每667米² 施入有机肥500千克、磷肥50~75千克,施于移栽沟内,与土壤拌匀后栽苗。可用竹扦等工具将刚展现3~4片真叶的芽苗挑出,按5~8厘米的株距把苗木根系舒展地栽入,填土至根茎处,及时浇好压蔸水。

③生长期管理　要使苗木苗壮成长,必须保持园地土壤疏松透气,生产中应及时中耕除草、追肥和防治病虫害。当苗高15厘

米时,追施 0.5% 尿素肥液,以后每隔 20 天左右追肥 1 次,随着幼苗的长大,追肥浓度需加大至 0.5%～2%。待苗长至 30 厘米左右时,每 667 米² 施碳酸氢铵 50 千克左右于行间。苗木长至 45 厘米后及时摘心,促进分枝,增加茎秆粗度,利于当年嫁接成苗出圃。

**(7)苗木嫁接**

①嫁接适期　一般以 1 月份至 3 月初萌芽前嫁接为宜,常规芽接的可在 9～10 月份,"丁"形芽接必须在 6～9 月份进行,嵌合芽接 10 月份以前均可进行。

②接穗剪取与保鲜　接穗必须从健全优良的结果母树剪取,在树冠外围中上部向阳处,选充实、无病害的枝条作接穗,其成活率高,遗传性稳定,进入结果期早。接穗的贮藏保鲜与嫁接成活率关系密切,生产中应十分注重接穗保鲜。保鲜贮藏方法:选择冷凉板房地面或天然洞穴,先放一层湿沙,后放一层接穗,以此往复堆放,最后以湿沙盖没接穗,覆盖地膜于表面即可。若接穗数量不多,可用湿润青苔堆放,即先于地面放一层青苔,再一层接穗放一层青苔堆放层积,最后盖青苔与地膜。湿沙或青苔层积贮藏方法一般可保鲜接穗 15～60 天。田间嫁接的,接穗需用湿布、湿毛巾等物包裹,置于嫁接箱或相应容器中,并用树枝等覆盖物遮于其上,切忌暴晒。

③嫁接工具准备　嫁接前准备好枝剪、嫁接刀、手巾、磨刀石、抹布、包扎物、嫁接工具箱等。

④嫁接方法　可采用切接、腹接或芽接 3 种方法进行。具体操作同梨、李树嫁接。

**(8)嫁接后管理**

①及时检查、补接全苗　芽接于接后 15 天进行检查,如接芽呈态新鲜,叶柄黄化一触即落者为成活,切接接口产生愈合组织、接穗新鲜表示已成活。凡未接活的须尽快补接全苗。

②适时剪砧除萌　无论切接与芽接,均宜适时摘除包扎的薄

膜,以免绞缢砧木,影响正常生长。切接应在 7 月份解除,芽接应在接芽新梢长达 15 厘米以上时解除。春季切接和秋季芽接后,应将砧木上萌发的萌蘖抹除。早夏芽接可在接口对面留 1 个砧木新梢,待接芽萌发的新梢长达 15 厘米以上时,自基部剪除砧木新梢。

③摘心整形 当嫁接苗的新梢高度达到 60~70 厘米时,应及时摘去顶端 3~4 芽,以促其发生分枝,提高苗木质量。

④合理施肥灌水 及时中耕除草,避免水分、养分的无益损耗。一般前期宜 10~15 天施 1 次肥,后期 20 天左右施 1 次肥,以速效氮肥为主,每次每 667 米$^2$ 追施尿素 10~20 千克或硫酸铵 15~30 千克。遇干旱时及时灌水,保持圃地土壤呈干干湿湿状态。

⑤加强病虫害防治 危害苗木枝叶的主要害虫有蚜虫、卷叶蛾、折心虫、刺蛾、布袋虫、浮尘子、李叶甲等,病害主要有根瘤癌肿病、穿孔病等,应加强防治。

## 2. 栽培技术要点

### (1)园地选择与规划

①园地选择 油柰对土壤条件要求不严,平地、丘陵地及低山均可栽植。海拔要求在 800 米以下,选背风、坐北朝南、光照充足的槽地较好。油柰有忌地栽培现象,不宜选在旧桃园、李园种植。

②规划设计 园地选定后,大中型果园应测绘地形图,搞好道路、排灌系统、小区划分及建筑设施等整体设计。其发展规模大小应根据当地果树发展面积、交通运输和加工条件,以及果品的产供销动向等综合考察,以使产销适量,发挥出最佳的经济效益。同时,注意不宜将梨等仁果类果树毗邻栽植,以免害虫辗转危害。

③园地整土 新建油柰园时,必需宜果则果、宜林则林、果林结合。30°以上的坡或峻岭及山顶瘠薄地,可酌情栽植耐粗放管理的板栗、杨梅、油桐等经济林果,或用材林、薪炭林等,不必强求统一。要注重保持良好的植被,以减轻雨水冲刷,阻挡冲刷的土粒,创造良好的生态结构。在资金充足的条件下,坡地要逐渐修筑梯

带梯田,以利于水土保持、管理及采收。一般分带深翻、挖坑、施肥待植。

**（2）栽　植**

①定植时期　以 12 月份至翌年 2 月份前栽植为宜。

②栽植密度　根据地势、土壤肥力、砧木种类及栽培措施确定栽植密度。山丘地势,每 667 米$^2$ 可栽植 80~87 株。

③定植技巧　丘陵山地应按行距在行线上撩壕,一般深 80 厘米、宽 100 厘米。在穴中自下而上分层施入杂草、秸秆等有机物,每 667 米$^2$ 施用 2 500~5 000 千克;并在每层有机物上撒石灰,每 667 米$^2$ 用量 80~100 千克;最后按定植穴施入精肥,每穴施腐熟厩肥 10~15 千克、饼肥 1 千克、磷肥 0.25 千克,与土壤充分拌匀后即可定植。栽植时将原根颈处或略将根茎处埋入土内即可,不论是雨天或是晴天栽植后,必须浇足压蔸水,利用渗透压力,使根系与土壤紧密结合,以尽快恢复根系吸收能力。遇干旱,应再进行浇水。每株树苗旁应插 1 根木棍,用索腾或胶带将苗木捆固,以免被风吹动而损伤幼嫩新根。

**（3）整形修剪**　油奈生长势旺,幼树有多次抽梢和易产生强旺直立竞争枝等特性,梢果矛盾突出,成龄树有结实力高、大小年结果现象明显等特性。因此,按不同的生育年龄期进行合理的整形修剪,才能培养出坚固的树体骨架,使各级主枝摆布合理,主次分明,层次明显,互不干扰,负荷力强;树冠内外通风透气,增强主体空间的光能利用率,达到树体强健、高产稳产、品质好、寿命长的目的。

修剪时期分为休眠期和生长期,修剪方法分为短截、回缩、疏枝、摘心和抹芽等,基本操作和梨、李、桃等果树相类似,生产中可视情况参照使用。

修剪整形形式:一是自然开心形造形法。其树体骨架的结构模式为主干高 30 厘米左右,不留任何分枝;主干以上的整形带内蓄留 3~4 个水平分生角度的枝,主干与主枝的分生角度为 40°~45°,整形过程需 3~4 年。二是主干分层形整形法。与自然开心形相似,不同点是在培养第一层 3~4 个主枝的同时,保留 1 个向上直立延伸的中心主枝。

在自然生长情况下,枝条的长势不均是客观存在的,幼树整形期间,同样需要人为地对主、侧枝条采取促控措施,使之达到相对平衡生长。例如,主枝间生长势不一时,应结合开张角度,对强旺枝进行吊拉,抽曲的强度宜大;对中庸枝的吊拉要重于强旺枝,拉曲的强度要适中;弱势枝,要等赶上中庸枝时,再拉成标准的分生角度。对着生的位置而言,也须先上、再中、后下依次吊拉。对不同长势的延长枝,采用弱者重短截,剪去枝长的 1/2~2/3,将剪口芽留在内侧,促使由弱变强;中庸枝宜轻短截,剪去枝长的 1/3,使剪口芽位于侧面;强旺枝,采取先放长不剪截,待枝条先端萌发出新梢接近停止生长时,再在顶端延长枝以下的外向侧枝处剪去延长枝,削弱顶端生长优势。倘若遇到年幼枝组间长势不均,应将强势枝组的着生角度拉开加大,以致拉成水平状态,这样既可使长势削弱,又可使邻近弱势的枝组长势加强。

**(4)肥水管理**

①施肥方式

第一,地面施肥。一般结果期最理想的施肥位置是以树冠滴水为准,于滴水线以内 10~20 厘米处,根系分布最多而稍深的地方施入,以利根系的吸收及诱导根系扩展。常用的施肥方法有放射状施、环状施、条沟施及全园施等。放射状施肥是以树干为中心,在距树干 60~80 厘米处向四周挖 4~8 条放射状沟,沟长超过滴水线外、宽 10~15 厘米,内浅外深,现根而不伤粗根为准,外端深度约 30 厘米。环状沟施肥是按树冠的大小,以主干为中心挖成环状沟,深度 20~30 厘米、宽 10~15 厘米,适于幼龄树施肥。条沟施肥是在行间或株间的树冠滴水处,挖短条沟,沟深 20~24 厘米、长 30 厘米左右、宽 15~20 厘米,施肥后覆土还原。全面施肥是已进入盛果期的枣园,其根系已布满全园,可用点式挖穴施入,或将肥料均撒于全园土面,然后进行中耕翻入土中。

第二,根外追肥。以较湿润少风晴朗天气喷施为佳。花期用 3% 硼砂溶液喷雾,能促进授粉受精;幼果期喷施 0.2% 磷酸二氢钾和 0.3%~0.5% 尿素溶液,可降低落果率,促进果实彭大;5~6 月份喷施 0.5% 硫酸钾溶液能壮大果实;花芽分化期喷 0.42% 磷酸二氢钾+0.3% 尿素溶液,能促进花芽分化和提高品质;8 月份喷施 50 毫克/千克硼砂溶液+3.6% 石灰澄清液,能提高花芽分化的质量和翌年的坐果率。

②施肥时期和数量

第一,幼树结果前期施肥。此期宜少施巧施氮肥,加速生长,尽快形成丰产树冠。定植当年施肥 4 次,于 3 月初及 4 月初每株分别施尿素 0.05 千克,5 月上中旬施尿素 0.075 千克,8 月上旬施三元复合肥 0.1~0.5 千克、土杂肥 20 千克。同时,于新梢生长期每隔 15 天喷 1 次 0.1%~0.2% 磷酸二氢钾溶液。定植第二年初果时,年内施 4 次肥,于 2 月下旬每株施粪尿 10 千克、三元复合肥 0.3 千克,4 月下旬至 5 月上旬喷 1 次 0.5% 尿素+0.2% 磷酸二氢钾溶液,6 月上中旬施三元复合肥 0.5 千克,8 月底施饼肥 0.5 千克+三元复合肥 0.2 千克,9 月底前喷 0.3% 尿素+0.2% 磷酸二氢钾+50 毫克/千克硼砂混合液,秋冬落叶前施有机肥 20 千克。

第二,结果期施肥。施肥原则是"果多多施,果少少施,无果不施或少施"。一般年内施 3 次,于萌芽前后、幼果膨大期及稳果前后施入。前 2 次以速效肥为主,分别占全年施肥总量的 10%~30%;结果前后宜速效肥与有机肥混合施用,占全年施肥量的 60%~70%,以促进花芽分化和恢复树势,每株可施厩肥 25~30 千克、尿素 0.3 千克、磷肥 1 千克。花前肥每株尿素 0.5~0.7 千克:盛果期每株施尿素 1~1.5 千克;4 月下旬至 5 月中旬施壮果肥,每株施尿素 1.5~2.5 千克;6 月份至 7 月中旬施壮果肥,每株施三元复合肥 2 千克左右。

**(5)花期管护**

①抑长促花枝,提高花芽质量　幼树于 4~5 月份喷 1 次 2 000 毫克/千克多效唑溶液,可显著提高产量。花芽充实期,喷 500 毫克/千克硼砂+0.5 毫克/千克钙,可提高花芽分化质量和翌年坐果率。

②保花保果措施　初花期喷施 100 毫克/千克三十烷醇,谢花 2/3 时喷施 50 毫克/千克赤霉素+0.3%尿素+0.3%磷酸二氢钾混合液。谢花 2/3 时喷 20 毫克/千克吲哚乙酸+50 毫克/千克赤霉素混合液。于第一次生理落果后喷 1 次 20~30 毫克/千克防落素溶液,隔 20 天再喷 1 次。

③合理疏果,平衡结果与生长,提高果实质量　疏果时期为 4 月下旬至 6 月上中旬。第一次疏果为 4 月下旬至 5 月中旬,将结果枝上及花束状、花簇状果枝上的球果疏稀,疏除畸形果、小果、病虫果,即短枝留果 3~4 个、花束状果枝留果 2~3 个、长果枝留果 8~10 个。第二次疏果为 5 月下旬至 6 月上旬,在第一次疏果的基础上每间隔 10 厘米左右留果 1 个,或 1~2 个短果枝或花束状果枝留果 1 个。要求每个果拥有 30~50 片功能叶。

**3. 病虫害防治**

**(1)病害防治**　危害油柰的病害主要有穿孔病、李黑斑病、根腐病、李红点病、缩叶病、炭疽病、李袋果病、疮痂病、根癌病、膏药病、流胶病等。

①穿孔病　初呈半透明水渍状淡褐色小斑点,后变成紫褐色至黑色孔洞。空气潮湿时,病斑背面有黄色菌脓,严重时叶片脱落。防治方法:萌芽前喷 5 波美度石硫合剂。用硫酸锌 1 份、消石灰 4 份、水 240 份配制成硫酸锌石灰溶液喷雾。用 65%代森锌可

湿性粉剂 600 倍液,或 70% 甲基硫菌灵可湿性粉剂 1 500 倍液喷雾。

②李红点病 叶片受害初期在叶面产生赭色近圆形突起斑点,边缘清晰,叶肉增厚,病斑上有许多红色小粒点。防治方法:喷施石灰倍量式波尔多液(即硫酸铜 1 份、石灰 2 份、水 200 份或 1∶4∶240)。

③缩叶病 症状为嫩叶叶缘卷曲、颜色变红,随叶片生长,皱缩、卷曲加剧,叶肉随之增厚变脆,呈红色。防治方法:早春花芽开始露红(或白)时喷施 1∶1∶100 波尔多液或 4~5 波美度石硫合剂。

④疮痂病 症状初为褐色圆形小斑,后渐转为紫黑色,造成果皮组织枯死龟裂,褐色微突起,叶正、反两面均变成暗绿色。防治方法:开花前喷 5 波美度石硫合剂杀菌,落花 15 天后,每隔 15 天喷 1 次 0.5 波美度石硫合剂。

⑤炭疽病 症状是幼果变暗褐色,发育停滞,萎缩硬化,僵果残挂于树上;大果病部有红褐色圆形凹陷斑,并现同心轮纹。防治方法:春季萌芽前喷 3~5 波美度石硫合剂 1 次,萌芽后喷 65% 代森锌可湿性粉剂 500 倍液,每周 2 次,连喷 2~3 周。

⑥根腐病 病部表皮呈褐色水渍状,并产生白色绢丝状霉层,使病部表皮腐烂,木质部有酒糟味。防治方法:幼树用 70% 硫菌灵可湿性粉剂 500 倍液灌根,每株灌药液 2 千克。大树用 50% 代森铵可湿性粉剂 200~400 倍液灌根,每株灌药液 4~5 千克。

**(2)虫害防治** 常见虫害有蚜虫、桃蛀螟、李小食心虫、刺蛾、赤纹毒蛾、红颈天牛、桑白蚧、折心虫、红蜘蛛、蜗牛等。虫害应采取生物防治、物理防治和化学防治等综合防治措施。生产中应科学选用药剂,按药品说明合理运用。

### (二)油柰果脯加工技术

**1. 工艺流程**

原料选择→清洗→去皮→漂洗→去核修整→硬化→糖煮→真空浸糖→第二次糖煮、真空浸糖干燥→密封包装→成品

**2. 操作要点**

**(1)原料选择**　选择新鲜、饱满、八成熟、大小基本一致的油柰,剔除过熟、未熟、破烂、虫蛀果实。用清水冲洗干净。

**(2)去皮**　将水煮沸,加入0.9%氢氧化钠(NaOH),然后投入果实,搅拌翻动约50秒,待果皮基本去掉后捞出。NaOH不可加入过早,否则易损坏加热容器。也可用生石灰替代NaOH。

**(3)漂洗**　从NaOH溶液中取出果实后,迅速用水冲洗干净,直至呈中性。

**(4)去核**　用挖心刀将核取出,然后用小刀把仍未去掉的皮修整掉。

**(5)护色硬化**　将果实浸入0.5%氯化钙($CaCl_2$)+0.3%硫酸钠($Na_2SO_3$)+1%氯化钠(NaCl)+3.5%磷酸二氢钾($KH_2PO_4$)混合液12小时左右,取出后冲洗并沥干。氯化钙起硬化作用,亚硫酸钠用于防止褐变,氯化钠有利于糖液和羧甲基纤维素钠渗入果肉而改善果实透明度,磷酸二氢钾可提高凝胶强度。

**(6)糖煮**　将溶解的0.5%羧甲基纤维素钠(CMC-Na)溶液、35%白砂糖、0.2%柠檬酸、15%葡萄糖和0.1%山梨酸钾混合均匀,经胶体磨细化,置于不锈钢锅内。然后放入油柰果,加热至沸腾后,再小火煮30分钟。羧甲基纤维素钠主要解决形态干缩问题,山梨酸钾用于防霉,葡萄糖可降低甜度。

**(7)真空浸糖**　当糖液温度降至50℃左右时,进行真空浸糖,条件为真空度0.08兆帕、时间1小时,接着缓慢放气、持续约12小时。

（8）**第二次糖煮、真空浸糖** 按上述方法再次进行糖煮和真空浸糖。

（9）**干燥** 沥干糖液,于50℃~60℃烘箱中干燥6小时,使水分含量降至18%~20%,然后密封包装。

# 七、杨梅栽培与加工

## （一）杨梅栽培管理技术

杨梅别名龙睛、珠红、树梅,成熟于初夏时节。小湖杨梅也称大种杨梅、大乌杨梅,或称"回瑶仔"杨梅,明清时期就已知名。主产于福建省建阳市小湖镇马坑村的回瑶、山后、井后、南山、岭头等地。据建阳地方史料以及刘建《大潭书》记载,小湖镇回瑶村的"回瑶仔"杨梅,以大种、大乌闻名,大个"回瑶仔"30~32个1千克,产量高者每株达100多千克。成熟季节,满山碧树点红,满树红中映绿,个个红里带黑,蔚为奇观。杨梅果实粒大核小,肉厚汁多,味甜微酸。刘建诗云:"龙睛乌果诱流涎,入口甘甜齿不酸。假令贵妃知此味,不求鲜荔到长安。"

1. **杨梅的营养价值** 杨梅栽培历史悠久,适应性强,栽培容易,产量较高,营养丰富。杨梅果实富含营养物质,酸甜适度,经测定,含可溶性固形物4%~9.6%,含糖量约7.8%,含有机酸0.8%~1.4%。同时,还含有多种维生素及铁、钙、磷等矿物质元素,其中维生素C含量较高。杨梅生食具有生津止渴、消食、止呕吐、润肺止咳、解酒上泻和增强食欲等功能。杨梅成熟时正是水果淡季,可为市场提供可食的时令鲜果,还可制成杨梅干、蜜饯、罐头、果汁、果干和果酒等多种营养食品。杨梅既是水果植物,又是药用植物,种仁富含维生素$B_{17}$,对癌症有疗效;含油量达40%,可炒食榨油。杨梅叶能提炼香精,其根和树皮能止血、断痢,可治疗跌打损伤、骨折、牙痛、外伤出血等。

**2. 形态特征及生物学特性**

**（1）形态特征** 杨梅为杨梅科杨梅属常绿灌木或乔木,植株高达 12 米,树皮灰色,小枝粗壮、无毛,皮孔少而不显著,菌根生长强健。单叶互生、卵形或楔状,先端稍钝,基部窄,全缘,无毛。楔状倒叶长 6~16 厘米、宽 1~4 厘米。花单性,雌雄异株,穗状花序,雄花有 2~4 个不孕小苞片,4~6 枚雄蕊;雌花有 4 个小苞片,子房卵形。核果球形、直径 10~15 毫米,单果重 10~28 克。外果皮未成熟前绿色,成熟后深红色、紫红色或白色,内果皮坚硬。

**（2）生物学特性**

①生长环境 杨梅适宜生长在气候温和、雨量充沛的环境。由于适应性强,对土壤的选择要求不高,pH 值 5 左右的酸性或偏酸性土壤均适宜;也可开垦荒山栽植。杨梅具有苗根生长势强,能在贫瘠多砂石的山坡上生长,并有保持水土的作用。

②生长物候期 杨梅产地不同、品种不同,其物候期也不一样。一般 2 月中下旬萌芽,3~4 月份开花,6 月中旬至 7 月上旬果实成熟。果实成熟后应及时采摘,否则易落果而影响产量。

**3. 栽培技术要点**

**（1）品种选择**

①木洞杨梅 主产湖南省靖县木洞,果实大、圆形或长圆形,果面棕红色,单果重 18~25 克,可溶性固形物含量 10%~11%,品质上等。主要栽培品种有光桂早、太婆梅、大叶梅、银红、墙背梅、白眼梅等。

②二色杨梅 原产福建省建阳、古田等地,果实近圆形,单果重 13~15 克,果面上半部为紫黑色、下半部呈红色,故称二色杨梅。含糖量约 9.45%,肉质柔软,酸甜可口,宜鲜食。

③丁香梅 主产浙江温州瓯海等地,果实圆球形,单果重约 11.3 克,果面紫黑色,可溶性固形物含量约 11.1%,果肉汁多味

甜,品质上等,6月下旬成熟,较耐贮藏。

④荸荠杨梅　原产浙江省余姚市张湖溪。果实近圆球形,单果重约9.15克,可溶性固形物含量11%~12%,果面紫红色,肉质细软多汁,味甜,品质上等。3~5年结果,可以引种栽培。

**(2)选地整地**　杨梅适宜在土层深厚、排水良好的酸性或偏酸土壤中生长,各种坡向和坡地均可栽植。苗床整地时应施足基肥,翻耕耙细整平,然后做畦,准备播种。移栽地根据株行距挖穴,穴施基肥,以土杂肥或腐熟肥为宜。

**(3)繁殖方法**

①种子繁殖　杨梅种子繁殖主要是提供嫁接砧木,为培育壮苗做准备。野生和栽培杨梅的种子均可播种育苗,生产中常采用秋播。具体步骤:一是播种。采种时先将种子表面的果肉洗净,摊放在干燥通风处晾干后进行沙藏。一般10~12月份播种,多采用撒播,每667米²播种量200~250千克,播后覆一层1厘米厚的细土,再用稻草或其他遮阳物覆盖,以保温保湿。二是苗期管理。播种约80天后出苗,出苗率达50%~60%。4月下旬移栽,按株行距10厘米×25厘米带土移栽,以利于成活。移栽成活后,要加强管理,促进幼苗生长。前期不宜施肥,8~9月份幼苗高达30厘米以上时,可稀施氮肥(1%尿素肥液),干旱时应浇水抗旱。10月份以后,实生苗高约50厘米、粗约0.6厘米,翌年春季即可嫁接。

②嫁接繁殖　杨梅一般嫁接成活率较低,为了提高嫁接成活率,接穗应在7~15年生的长势健壮无病害的母树上采取2年生的生长良好枝条。一般在2月中旬,树液未开始流动时进行。嫁接以切接为主,接穗长8~9厘米,具9~10个芽,切接方法与其他果树嫁接相同。嫁接苗成活后,要注意除草和防治病虫害,以保证新梢(接穗上的芽)健壮生长。

③压条繁殖　杨梅压条繁殖与其他果树一样,一般采用低压法,即将杨梅树基部的分枝向下压入土中,覆土后使压入土中的枝

段生根,形成新的植株,翌年移栽。

**(4)定植及定植后管理**

①定植　杨梅移栽定植一般在 11～12 月份进行,株行距 4 米×5 米,穴深约 0.7 米,穴直径约 1 米。定植时施足基肥,以土杂肥或腐熟肥为宜。然后起苗栽植,随挖苗随栽,少伤根,以利于成活。定植后浇 1 次水,保持土壤湿润,以提高成活率。由于杨梅是雌雄异株,定植时要考虑雌雄株的配置,一般以 2%～4%雄株进行配置,有利于授粉,提高结实率,增加产量。

②中耕除草　杨梅定植成活后要加强管理,幼树时要勤除草、松土和培土,以保证幼树正常生长。除草一般每年进行 2 次,春末、夏末各 1 次。

③间作　杨梅移栽后,在幼树间有很大的空隙地,可间作其他作物,提高土地利用率。春季可种大豆、花生、绿豆等作物,秋季可种白菜、萝卜等蔬菜,这样既可保证幼树正常生长,又能增加经济收益。

④施肥　杨梅定植时穴内要施足基肥,以保证幼苗正常生长。在未结果前每年要施肥 1 次,一般在幼树萌芽前施肥,促进根系和枝叶的生长。当杨梅树成林后,每年施肥 2 次,第一次在春季萌芽前,以速效肥为主,促进春梢开花坐果及果实的发育。第二次在采果后进行,以有机肥为主,促进花芽分化,恢复树势,为翌年丰产做准备。杨梅整形一般采用自然开心形,定苗后,在幼树高 50～80 厘米处剪顶定干,抹除主干中下部的萌芽和新梢,让其上部的春梢生长,春梢产生夏梢,使其生长健壮。定干第二年,留长势健壮、分布适当的 3 个枝条作主枝,主枝间隔约 30 厘米。之后让其生长,并整形修剪,使其形成自然开心形树冠。

**4. 杨梅树管理**

**(1)幼龄树管理**　①施肥应注意控氮、增钾、适磷,幼树杨梅每年施追肥 2 次,适当控制幼树营养生长,平衡营养生长与生殖生长的关系,使其花芽形成,争取栽植后 4~5 年开始结果。②整形修剪应注意培养矮化开心形树冠,选留 3~4 个方位均匀、上下错开的枝条作为主枝,每一主枝上再选留适量的副主枝和侧枝。同时,剪去密生枝、细弱枝、病虫枝、枯死枝。在夏秋季进行拉枝,开张树冠角度,控制主干高度在 3 米以下,剪截强枝,削弱顶端优势,上压下发,促进侧枝抽发,造就矮化、凹凸、立体的开心形树冠。这样,可以克服放任生长树冠的上强下弱、高大密闭树形,形成合理树势。③适时适量使用多效唑,有效地促进花芽形成,控制幼树营养生长。

**(2)成年树管理**　成年杨梅树如果任其自然生长,随着树冠的扩大,枝梢的延长,结果部位会不断外移,常形成圆头形或半圆头形树冠。到了盛果期树冠不再扩大,则造成顶端枝叶密集、下部和内膛骨干枝光秃空虚,致使结果少产量低、树衰老快,同时也给采收、喷肥、喷药带来许多不便。成年杨梅树改造为矮化树的措施:①施肥时注意控氮、增钾、适磷,以促使枝条粗壮生长。②整枝修剪时采用"开天窗"方法,将圆头形或半圆头形树冠改造为自然开心形树形。一是先要确定树冠主枝,再删除、短截对主枝严重遮阴、无结果能力或产量很低的大枝。将生长势强弱、大小一致的 3 个主枝,等角分配在 3 个方向,确定为改造后的树冠主枝,主枝在主干上的着生位置彼此应相差 20 厘米左右。主枝与主干的角度为 60°~70°,第三主枝应比第一、第二主枝较细而短,以免顶枝因顶端优势而生长过旺,影响下面枝条的结果。二是配置副主枝。副主枝的部位应在主枝的侧方,不能处在主枝上方而影响主枝的生长,粗度应比主枝略小。主枝和副主枝安排在不同的立体空间,以免互相遮阴。三是对侧枝进行回缩修剪。原来的侧枝由于争夺阳光竞向往上生长而形成扇形,造成下部枝条严重遮光。因此,要求逐年进行回缩修剪,达到边更新边结果。在侧枝回缩时要注意,靠近主枝或副主枝下端的要长留,靠上端的宜短截,避免重新出现上强下弱的局面,最后使一个侧枝成为圆锥形的结果单位。四是剪去密生枝、细弱枝、病虫枝、枯死枝。通过上述"开天窗"整形修剪,可将成年杨梅树改造成为矮化开心形树冠,树冠内膛通风透光,可促进内膛枝条生长和结果,并便于喷肥、喷药、采摘等管理,可提高产量(立体结果)和品质,减少内膛病虫害发生。

**5. 病虫害防治**

**(1)病害**  杨梅主要病害有癌肿病、褐斑病和干枯病。

①癌肿病  多发生在2~3年生枝条上,严重时使枝枯死。若在主干发病,会导致全株死亡。可喷施80%乙蒜素乳油200倍液防治,也可人工除去病枝。

②褐斑病  主要危害叶片,严重时叶片干枯脱落,生长在黏重土中发病严重。可用50%多菌灵可湿性粉剂1 000倍液,或65%代森锌可湿性粉剂600倍液喷施防治。

③干枯病  主要危害枝干,严重时病斑蔓延枝干深达木质部,导致枝干枯死。用80%乙蒜素乳油涂患处,效果较好。

**(2)虫害**  杨梅主要虫害有卷叶蛾、白蚁和松毛虫等。

①卷叶蛾  5~8月份幼虫危害嫩叶,咬食叶肉。可用50%杀螟硫磷乳油1 000倍液喷杀。

②松毛虫  4~5月份幼虫危害新梢和叶片,食叶量大。可用90%晶体敌百虫1 000倍液喷杀。

③白蚁  主要危害根颈和树干木质部,造成树干损伤或枯死。可用灭蚁灵喷杀,也可人工挖巢灭蚁。

**6. 采收与贮藏**

**(1)采收**  杨梅果实因品种、产地不同,其成熟期也不同,因此采收时间也不一致。生产中应随成熟随采收,防止果熟过度,造成落果或腐烂,影响产量。

**(2)贮藏**  杨梅果实采收后,在常温条件下一般可保鲜2~4天;在温度为0℃~0.5℃、空气相对湿度为85%~90%条件下,可保鲜 7~15 天。

（3）加工　果实采收后可及时进行处理：一是冷藏处理，在
-18℃冷库中可保鲜 6 个月。二是加工成杨梅罐头、杨梅蜜汁、蜜
饯、杨梅干、杨梅酒等。

### （二）杨梅果汁加工技术

杨梅果品取汁以采用热糖液渗出法为好。这是因为，此法渗
取汁液时需要加热，既能钝化酶的活性，又能排除果汁中的部分氧
气，还能使部分能引起果汁产生沉淀浑浊的物质。由于受热凝固
而析出，取汁后再经冷却澄清，所取果汁的色泽与稳定性均较好。

1. **果实清洗**　经摘去果柄等清理后的杨梅，置于 3% 食盐水
中浸泡 10~15 分钟，再用流动的清水漂洗 10 分钟，清除盐分和杂
质，然后捞起沥干。

2. **糖煮渗汁**　按每 10 千克杨梅用等量白砂糖的配比，将所
需糖配成 50% 的浓糖液，煮沸，使糖在水中充分溶解。而后放入
杨梅，加热至 80℃，将杨梅与糖液同时取出，置于洁净的容器中，
浸泡 24 小时，再用纱布滤取汁液备用。

3. **汁液配制**　在配制前先测定滤取汁液的可溶性固形物的
浓度和酸的浓度，用白砂糖、柠檬酸和清水将滤取液调配成可溶性
固形物含量 12%、酸含量为 0.4% 的汁液。

4. **果汁澄清**　将配制的果汁静置 24 小时，待澄清后用绢绸
过滤或虹吸取上层清汁。

5. **排气杀菌**　果汁装瓶后预热至 85℃，然后封盖，再升温至
100℃。随即取出置于 80℃→60℃→40℃ 热水中分段冷却至室
温，擦干瓶外的水湿，即为瓶装杨梅果汁。

# 八、猕猴桃栽培与加工

## （一）猕猴桃种植管理技术

猕猴桃属于猕猴桃科猕猴桃属，是一种落叶藤蔓果树，富含多种维生素及营养元素，被誉为"水果之王"，具有较高的经济价值和栽培价值。猕猴桃适宜气候温和、雨量充沛、土壤肥沃、植被茂盛的环境条件，以土层深厚、排水良好、湿润中等的黑色腐殖质土、沙质壤土为宜，pH 值以 5.5~7 的微酸性土壤为宜。

**1. 品种选择**    以红阳（红心果）、海沃特、布鲁诺、青城 1 号、秦美、米良 1 号、川猕 2 号、川猕 3 号、川猕 4 号等为主栽品种。

**2. 育苗技术**

**（1）砧木苗培育**

①采种    在 9 月上旬至 10 月上中旬采集充分成熟的果实，经后熟变软后，将果子连同种子一起挤出，装入纱布袋内搓揉，使种子与果肉分离，然后用清水反复淘洗，把洗净的种子放在室内摊开阴干。

②种子处理    将种子用 40℃~50℃ 温水浸泡 2 小时，再用冷水浸泡 1 昼夜，然后沙藏 50~60 天，即可播种。猕猴桃种子在沙藏过程中怕干怕湿，要勤检查、勤翻动，防止霉变。

③播种    在海拔 800 米以上地区育苗较为理想，3 月中旬至 4 月上旬播种。苗圃地应选择在土层深厚肥沃和排灌及交通条件好的地方。播种前整地做厢，施足基肥，清除杂物。厢宽 1 米左右，将苗床土稍加镇压后浇透水，把沙藏的种子带沙播种。播种后，撒一层厚 2~3 毫米的细河沙，并覆盖稻草，草上喷水或搭塑料小棚。加强苗床管理，确保培育健壮砧木苗。

（2）嫁接苗培育

①嫁接时期　嫁接芽萌动前 20 天左右为嫁接适期,即 2 月中旬至 3 月下旬。

②嫁接方法　可采取单芽切接法,具体方法:选生长充实、髓部较小的接穗,剪取带 1 个芽的枝段,段长 3~4 厘米。选平直的一面削去皮层,削面长 2~3 厘米为宜,深度以露出木质部或稍带木质部为宜,将削面的反面削 1 个 50°左右的短斜削面。在砧木距地面 10~15 厘米处剪砧,选平滑面向下削一刀,削面长度略长于接穗削面,深度同接穗一样,将砧木削皮 2/3。然后插入接穗,要求接穗大小与砧木基本相同。注意砧、穗形成层要对准,接后用塑料嫁接薄膜包扎,包扎时应露出接穗芽眼。

③嫁接苗管理　一是嫁接后 3~4 周,嫁接芽开始抽发,待新梢长出并基本老化后即可除去捆绑薄膜。二是对春、秋季腹接苗成活后,要立即剪砧,剪口离接口约 4 厘米即可。夏季接芽成活后,可先折砧后剪砧。三是及时抹除砧木上的萌芽是成活抽梢的关键。四是苗圃地要经常中耕除草,除草时注意不碰到刚发出的接芽。五是在接芽萌发抽梢后,需在接芽旁边设立支柱,并将新梢绑护在支柱上。六是幼苗高 60 厘米时应适当摘心。七是结合灌水,施人粪尿、猪粪等,或在水中加入 1%尿素。7 月份施肥时可适量增施过磷酸钙,促幼苗枝条老化,芽眼饱满。八是 7~8 月份采取遮阴措施,忌强光直接照射幼苗。

3. 园地建设

（1）园地选择　猕猴桃根系肉质化,特别脆弱,既怕渍水,又怕高温干旱;新梢既怕强风折断,又怕倒春寒或低温冻害,因此适宜在亚高山区（海拔 800~1 400 米）种植。生产中应选择土层深厚、土壤肥沃、质地疏松、排水良好和交通方便的地方建园,如果在低山、丘陵或平原栽培猕猴桃,则必须具备适当的排灌设施,保证雨季不水渍,旱季能及时灌溉。果园四周最好建防风林。

（2）**栽植时期**　南方地区最佳定植时期,在落叶之后至翌年早春萌芽之前定植完毕,即 12 月上旬至翌年 2 月上中旬,在适宜期内定植越早越好。

（3）**授粉树配置**　猕猴桃是雌雄异株果树,授粉雄株的选择和配置是保证正常结果的条件之一。选择的雄株应注意与主栽品种花期相同或略早,而且花粉量大、花期长,雌雄株比例为 6∶1 或 5∶1。

（4）**栽植密度**　栽植密度与栽培架式密切相关,篱架栽培密度为 2 米×4 米,T 形架栽植密度为 3 米×4 米,平顶棚架栽植密度为 3 米×5 米。

（5）**支架类型**　一般在定植后当年冬季即设立支架,支架由支柱、横梁、棚面等组成,支柱分为水泥柱、木柱、石柱、竹柱和伴生树等,横梁分为水泥柱、木柱、竹类和金属类等,棚面为铁丝等。生产中可根据当地的情况选择木材架、钢架、混凝土架和伴生树架等,架式以 Y 形架和 T 形架为主。

（6）**栽植架式**　猕猴桃栽培生产中常用的架式有篱架、T 形架和平顶架 3 种。

①*篱架*　支柱长 2.6 米,粗度 12 厘米,入土深 80 厘米,地面净高 1.8 米。架面从下至上依次牵拉 4 道防锈铁丝,第一道铁丝距地面 60 厘米。每隔 8 米立 1 个支柱,枝蔓引缚于架面铁丝上。此架式在生产中应用较多。

②*T 形架*　在直立支柱的顶部设置一水平横梁,形成 T 形小支架。支柱全长 2.8 米,横梁全长 1.5 米,横梁上牵引 3 道高强度的防锈铁丝,支柱入土深度 80 厘米,地上部净高 2 米,每隔 6 米设 1 个支柱。

③*平顶棚架*　架高 2 米,每隔 6 米设 1 个支柱,全园中支柱可呈正方形排列。支柱全长 2.8 米,入土深 80 厘米。棚架四周的支柱用三角铁或钢筋连接起来,各支柱间用粗细铁丝牵引网格,构成

平顶棚架。

**4. 栽培技术要点**

**（1）栽植技术**

①定植穴准备　最好在上年秋季将园地深翻 60～80 厘米,然后按 6 米×4 米或 4 米×4 米或 5 米×4 米确定株行距,挖深 60～80 厘米、宽 80～100 厘米的定植沟或定植穴,在回填表土时每穴施混合均匀的农家肥 50～100 千克和磷、钾、镁等化肥各 0.5 千克,或用饼肥 1.5 千克与农家肥混合施入,筑成高于地面 20～30 厘米的垄或馒头形土堆。

②品种配置　一般大果园雌、雄株按 10～12：1 均匀搭配,小果园雄株要求多一些,以 8：1 或 6：1 的比例搭配。栽植时每 3 行雌株中间 1 行雄株,即每隔 2 株雌株栽 1 株雄株。

③栽植时期和方法　猕猴桃定植时期与其他落叶果树相同,在秋季和早春均可栽植。若定植穴内埋入的植物秸秆较多,应让其下沉后再栽植。栽植时,苗木放在定植穴的中央,注意勿使根系直接接触肥料。用手将根系向四周舒展,并用细土覆盖根部,随后覆土盖平,后用脚稍微踏实,灌足定根水。栽植深度以苗木根颈部与土面相平或略高为宜,嫁接口不能埋入土中。

**（2）管理技术**

①土壤管理　一是深翻改土。结合施基肥,每年或隔年在根系外围深翻挖施肥沟,在树冠滴水线内宜浅。待修剪、清园结束时,将施肥沟以外的土壤再深翻 20～30 厘米。二是中耕除草。中耕深度以 10～15 厘米为宜,春季在树盘附近浅耕,夏季 6～8 月份,对树盘进行浅耕除草松土,使土壤疏松透气,以增强保湿抗旱能力。

②施肥管理　一是基肥。在 10 月下旬至 11 月下旬、果实采摘后,立即在树盘周围挖深 35 厘米、宽 30 厘米的环状沟,或沿植株行向开沟,每 667 米² 施腐熟有机肥 1 500～3 000 千克、油饼

150~200 千克、磷肥 100~150 千克,施肥后灌水覆土。二是萌芽前追肥。翌年 2 月下旬至 3 月上旬,施以氮肥为主的速效性肥料,结合灌水每 667 米² 施尿素 6~10 千克。三是果实膨大期追肥。谢花后 1 周(5 月下旬至 6 月中旬),每株施三元复合肥 100~150克、人畜粪水 6~10 千克。四是果实生长后期追肥。7 月下旬至 8 月上旬,施速效性磷、钾肥为主,控制氮肥的施用,以免枝梢徒长,每株可施磷、钾肥 200~250 克。五是根外追肥。在盛花期和坐果期,用 0.3%磷酸二氢钾溶液或 0.2%尿素溶液进行叶面喷施。

③水分管理  猕猴桃根系分布浅,不耐旱,也不耐涝。但生长需要较高的空气湿度和保持充足的土壤水分。一是春季萌芽前,结合施肥进行灌水,每株灌水 25~30 升,视旱情灌水 2~3 次。二是伏旱期间,视旱情灌水 2~3 次。三是秋雨期,要及时在果园内或植株行间开沟排水。

④整形修剪  猕猴桃整形以篱架水平整形、少主蔓自由扇形、T 形小棚架等树形为主,以轻剪缓放为原则,加强生长期修剪,缓势促花结果。修剪分夏季修剪和冬季修剪。夏季修剪:一是除萌。砧木上发出的萌蘖和主干或主蔓基部萌发的徒长枝,除留作预备枝外,其余的一律抹除。二是摘心。坐果期,春梢已半木质化时,对徒长性结果枝在第十片叶或最后 1 个果实以上 7~8 片叶处摘心;春梢营养枝第 15 片叶处摘心,如萌发二次梢可留 3~4 片叶摘心。三是疏枝。疏除过密、过长而影响果实生长的夏梢和同一叶腋间萌发的 2 个新梢中的弱枝。四是弯枝。幼树期对生长过旺的新梢进行曲、扭、拉,控制徒长,并于 8 月上旬将枝蔓平放,促进花芽分化。冬季修剪:一是疏枝。主要疏去生长不充实的徒长枝、过密枝、重叠枝、交叉枝、病虫枝、衰弱的短缩枝、无利用价值的萌蘖枝和无更新能力的结果枝;结果母枝上当年生健壮的营养枝是翌年良好的结果母枝,视长势和品种特性留 8~12 个芽短截,弱枝少留芽,强枝多留芽,极旺枝可在 15 节位后短截。已结果 3 年左右

的结果母枝,可回缩到结果母枝基部有壮枝、壮芽处,以利于更新。二是结果枝处理。已结果的徒长枝,在结果部位上 3~4 个芽处短截,中、长果枝可在结果部位上留 2~3 个芽短截,短果枝一般不剪。留作更新枝的保留 5~8 个芽短截。

**5. 病虫害防治**　猕猴桃主要病害有花腐病、炭疽病、蔓枯病、褐斑病、果实软腐病、疫霉病、根朽病等,虫害主要有金龟子、透翅蛾、花蕾蛆、吸果夜蛾等,生产中主要采取以加强管理、增强树势、强化土壤消毒等预防为主的综合防治方法。果实日灼病主要是加强树势管理和合理修剪,果实生长发育期间(8 月下旬),采用套袋法可以预防日灼病。

**6. 采收与贮藏**

**（1）采收**　猕猴桃果实固形物含量一般要求在 6.2% 以上。中华猕猴桃早熟品种在 8 月下旬至 9 月上旬采收,迟熟品种在 9 月中下旬至 10 月上旬采收,美味猕猴桃在 10 月底至 11 月上中旬采收,最晚不迟于 12 月初。采收最好在早晨露水干后至中午以前进行,下午温度高、果实在筐内易发热不宜采收。果实采收后按大小规格,进行分级包装,一级果单果重 100 克以上;中华猕猴桃二级果单果重 80~100 克,美味猕猴桃二级果单果重 70~100 克;三级果单果重 50~80 克。

**（2）催熟**　猕猴桃果实采收后,有一个后熟过程。其环境中乙烯浓度越高,后熟越快,用 1 000 毫克/千克乙烯利溶液浸果催熟,可提早 2 周上市。也可用厚度为 0.05 毫米的聚乙烯薄膜,把装猕猴桃的果箱整堆包封起来,利用果实自身释放的乙烯催熟。

**（3）贮藏保鲜**

①预冷　采取强制空气冷却、冷库冷却或水冷却等方法,将温度降至或略低于贮藏温度 0℃~2℃ 即可。用水冷却的必须及时干燥,消除果面水气。

②贮藏方法　猕猴桃贮藏方法不同,其贮藏保鲜期也不同。

生产中可用常温贮藏方法进行短期贮藏(1~2个月),用低温贮藏方法进行中长期贮藏(4~6个月),用气调贮藏方法进行长期贮藏(6~8个月),其中以低温贮藏方法应用最广泛。在商业化生产中,为了使果实软化,达到可食熟度,一般将果实放置在15℃~20℃条件下,用乙烯利100~500毫升处理12~24小时,再置于15℃~20℃条件下1周,即可食用。

## (二)猕猴桃酱加工技术

1. **工艺流程**    原料选择→清洗去皮→糖水配制→煮酱→装缸→密封→杀菌→冷却

2. **工艺要点**

(1)**原料选择、清洗去皮**    选择充分成熟的果实为原料,剔除腐烂、发酵、生霉或表面有严重病虫害的果。用流水冲洗泥沙、杂质,沥干后用手工或机器剥皮,挤出果肉,或将果实切成两半,再用不锈钢汤匙挖取果肉。

(2)**糖水配制**    每100千克果实加过滤后的75%糖水(砂糖100千克、水33千克)133千克。先将一半糖水倒入锅内煮沸,再加入果肉,煮约30分钟,待果肉煮成透明、无白心时加入剩余的糖水,继续煮25~30分钟,直至酱的温度达到105℃、可溶性固形物含量达68%以上时,便可出锅装缸。

(3)**装缸、密封、杀菌、冷却**    将果酱装在事先消毒过的玻璃瓶内,每瓶装275克,缸盖和胶圈在沸水中煮5分钟消毒,装瓶后立即旋紧缸盖密封。然后在沸水中消毒20分钟左右,再分段冷却至38℃左右。

(4)**擦缸、入库**    擦干缸盖及缸身,在温度为20℃左右的仓库内存放1周后检验。

3. **技术指标**    酱体呈黄褐色或黄绿色,光泽均匀一致,具猕猴桃风味,无焦煳味,无硬梗、花萼、果皮;酱体呈胶黏状、带种子,保持部分果块;酱体置于水平面上允许徐徐流动,不得分泌汁液,不得有砂糖结晶;可溶性固形物含量不低于65%(按折光计),总糖量不低于57%(以转化糖计)。

# 第四章
# 食用菌类

## 一、香菇栽培管理技术

### (一)概　述

　　香菇是世界上最著名的食用菌之一,其香气沁脾,滋味鲜美,营养丰富,为宴席和家庭烹调的最佳配料之一。我国是世界香菇生产"王国"之一,香菇是我国传统的出口产品,在国际市场上素负盛名。

　　香菇营养十分丰富,据现代科学分析,100克干香菇含蛋白质13克、脂肪1.8克、碳水化合物54克、粗纤维7.8克、灰分4.9克、钙124毫克、磷415毫克、铁25.3毫克,还含有维生素 $B_1$、维生素 $B_2$、维生素 C 等。此外,100克干香菇含有一般蔬菜所缺乏的维生素 D 源(麦角甾醇)260毫克,人体吸收后被阳光照射时,能转变为维生素 D,可增强人体的抵抗能力,并能有益于儿童骨骼和牙齿生长。香菇中含有30多种酶,可以说是纠正人体酶缺乏症的独特食品。香菇中有腺嘌呤,经常食用可以预防肝硬化,香菇还有预防感冒、降低血压、清除血毒的作用,所含多糖物质有治癌作用,目前香菇的药用价值已越来越引起人们的注意。

## (二)香菇栽培的生物学基础

香菇又名"香蕈",属担子菌伞菌目,侧耳科香菇属。

**1. 香菇的特征特性** 香菇由菌丝体和子实体两部分组成。

**(1)菌丝体** 菌丝由孢子萌发而成,白色、茸毛状,有横隔和分枝,其细胞壁薄,纤细的菌丝相互结合,不断生长繁殖,集合成菌丝体。菌丝体生长发育到一定阶段,在基质座表面形成子实体——香菇。香菇的整体均由菌丝组成。组织分离时,切取香菇的任何一部分都可以长出新的菌丝。

**(2)子实体** 香菇的子实体由菌盖、菌褶、菌柄等组成。菌盖圆形,直径通常3~6厘米,大的个体直径可达10厘米以上。盖缘初内卷,后平发。盖表褐色或黑褐色,往往有浅色鳞片。菌肉肥厚,中部厚达1厘米左右,柔软而有弹性、白色;菌柄中生或偏生、圆形柱或稍扁、白色、肉实,菌柄长3~10厘米、直径0.5~1厘米;菌褶白色、稠密而柔软,由菌柄处放射而出,呈刀片状,是产生饱子的地方。孢子白色、光滑、卵圆形,1个香菇可散发几十亿个孢子。

**2. 香菇的生活史** 香菇的完整生活史,是从孢子萌发开始,到再形成孢子而结束。在这个过程中,有性生殖和无性生殖有机地结合,共同完成香菇的生活史。香菇孢子成熟后,得到适宜的温湿条件就会萌发生成菌丝。由孢子萌发生长的菌丝称为单核菌丝,单核菌丝无论怎样生长,也不会长出子实体。只有当不同性别的单核菌丝相结合形成双核菌丝后,方可在基质内部蔓延繁殖而形成菌丝体。菌丝体经过一定的生长发育阶段,积累了充足的养分,并达到生理成熟,在适宜条件下形成子实体原基,并不断发育增大成菇蕾和子实体来繁殖下一代。香菇的生活史,分为菌丝体阶段和子实体阶段。

### 3. 香菇的生育条件

（1）**营养**　香菇是一种水腐菌,体内没有叶绿素,不能进行光合作用,是依靠分解吸收木材或其他基质内的营养为生。木材中含有香菇生长发育所需要的全部营养物质(碳源、氮源、矿物质及维生素等),香菇具有分解木材中木质素、纤维素的能力,能将其分解转化为葡萄糖、氨基酸等,作为菌丝细胞直接吸收利用的营养。利用代料栽培香菇时,应加入适量米糠、麦麸、玉米粉等富有营养的物质,以促进菌丝生长,提高产菇量。

（2）**温度**　香菇属变温结实性菌类。菌丝生长温度为5℃～32℃,适宜温度为25℃～27℃;子实体发育温度为5℃～22℃,以15℃左右为最适宜,变温可以促进子实体分化。温度过高,香菇生长快,但肉薄柄长质量差;低温时生长慢,菌盖肥厚,质地较密。特别是在4℃低温及雪后生长的香菇,品质最优,称为花菇。

（3）**湿度**　香菇菌丝生长期间湿度要比出菇时低些,适宜菌丝生长的培养料相对含水量为60%～65%,空气相对湿度为70%左右。出菇期间空气相对湿度以保持85%～90%为适宜,一定的湿度差有利于香菇生长发育。

（4）**空气**　香菇为好气性菌丝,对二氧化碳虽不如灵芝等敏感,但如果空气不流畅,环境中二氧化碳积累过多,会抑制菌丝生长和子实体形成,甚至导致杂菌孳生。所以,菇场应选择通风良好的场所,以保证香菇正常的生长发育。

（5）**光线**　香菇是好光性菌类,菌丝在黑暗条件下虽能生长,但子实体不能发生。只有在适度光照下,子实体才能顺利地生长发育,并散出孢子,但强烈的直射光对菌丝生长和出菇均不利。光线与菌盖的形成、开伞、色泽有关,在微弱光条件下,香菇发生少、朵形小、柄细长、菌盖色淡。

（6）**酸碱度**　香菇菌丝生长要求偏酸的环境,菌丝在pH值为3～7之间均可生长,以pH值4.5左右最为适宜。因此,香菇栽培时场地不宜碱度过大,喷洒用水要注意水质,防治病虫害最好不用碱性药剂。

香菇从菌丝生长到子实体形成过程中,温度是先高后低、湿度是先干后湿、光线是先弱后强,这些条件既相互联系,又相互制约,生产中必须全面给予考虑,才能达到预期的效果。

## (三)香菇代料栽培技术

1. **香菇代料栽培的意义**　食用菌人工栽培的过程,实质上就是人为地创造对香菇菌丝和子实体发育有利,而对其他杂菌生长不利的环境条件的过程,香菇代料栽培即源于此理。

香菇历来都是被局限在少数地区用段木或原木进行栽培,由于受到树木、地区、季节的限制,发展速度很慢。上海木屑栽培法成功并大面积推广,为发展香菇生产开辟了一条新途径,使香菇代料栽培得以迅速发展。所谓代料栽培,就是以各种农林业副产物为主要原料,添加适量的辅助材料制成培养基,来代替传统的栽培材料(原木、段木)生产各种食用菌。

**(1)代料栽培的优点**　一是可以扩大培养料来源,综合利用农林产品的下脚料,把不能直接食用、经济价值极低的纤维性材料变成经济价值高的食用菌,既节省了木材,又充分利用了生物资源,变废为宝。二是可以有效地扩大栽培区域,有森林的山区可以栽培,没有森林资源的平原及沿海地区也可以栽培,适于家庭中小型规模栽培,更便于工厂化大批量生产,为扩大食用菌生产开辟了新途径。同时,采用代料栽培的培养基可按各种食用菌的生物学特性进行合理配制,栽培条件(如菇房)也比较容易进行人工控制。因此,香菇代料栽培产量、质量比较稳定,生产周期短(从接种出菇,仅需要 3~4 个月,至采收结束 10~11 个月),资金回收快,还可四季生产,调节市场淡旺季,满足国内外市场需要。一般每 500 千克木屑或棉籽壳等代料,可收获 300~400 千克鲜菇,从产品质量和经济效益看,均超过段木料栽培,是香菇栽培行之有效的途径。

**(2)代料栽培的原料**　用来栽培香菇的主要代用材料是阔叶树木屑、部分针叶树木屑(如柳、杉、红松)及刨花、纸屑、棉籽壳、废棉、甜菜渣、稻草、玉米秸、玉米芯、麦秸、高粱壳、花生壳、谷壳等。此外,许多松木屑采用高温堆积发酵或摊开晾屑的方法,除掉其特有的松脂气味,亦可用来栽培香菇。

**2. 香菇代料栽培技术要点**

**(1)培养基配制**　香菇菌种培育方法,一般分为孢子分离法、组织分离法和菇木分离法3种。孢子分离法是有性繁殖,菌种生活力强,但变异率高难以掌握,选育新品种时可采用此法。组织分离法及菇木分离法系无性繁殖,种性比较稳定,而且简便易行,生产上应用较多。

①培养基配制原理　培养基是香菇菌丝体生长发育的基质,可以提供香菇菌丝体生长发育所必需的水分、碳源、氮源、多种营养元素和生长因素,使菌丝体能正常健壮地生长。水分:香菇菌丝中含有大量的水分,这些水分不仅是菌丝细胞原生质的主要成分,而且菌丝的一切生理活动均需在有水的情况下进行。因此,在配制各级培养基时,均要加入一定量的水分。碳源:单糖(葡萄糖)、双糖(蔗糖、麦芽糖)、多糖(淀粉)都是香菇菌丝能够利用的有机碳源,这些碳素是菌丝细胞中有机物的基本元素,也是能量的来源。氮源:氮素是构成菌丝细胞中蛋白质和核酸的主要元素,而蛋白质和核酸又是细胞质和细胞核的重要成分,在生命活动中起着重要的生理作用。有机氮(氨基酸、蛋白质、尿素)和铵态氮(硫酸铵)都是菌丝细胞氮的来源。无机盐类:菌丝所需的无机盐类数量很少,但在其生命活动中却是不可缺少的,无机盐类包括磷、钾、硫、钙、镁等,在配制培养基时加入少量的磷酸二氢钾、硫酸镁、硫酸钙等,即可满足对上述元素的需求。生长因素:能调节香菇菌丝

代谢活动的微量有机物,称之为生长因素。一般用作碳源的天然成分,如马铃薯、麦芽汁、麦麸、米糠等都含有丰富的生长因素,无需另加。维生素 $B_1$ 可促进香菇菌丝生长,制斜面培养基时可加入少量。凝固剂:常用的凝固剂为琼脂(洋菜),是由石花菜提制而成。此外,培养基中各种营养物质的比例对香菇菌丝生长的影响很大,生产中应根据香菇菌丝生长的需要进行合理配制。同时还要注意对培养基 pH 值的调节。

②培养基配制方法　香菇菌种分为母种、原种和栽培种 3 种。

第一,母种培养基制作配方。马铃薯、葡萄糖、琼脂培养基,该配方适合香菇及多种食用菌分离和培育母种之用。如果作保藏菌种用,应在配方中添加磷酸二氢钾 2 克、硫酸镁 0.5 克、维生素 $B_1$ 10 毫克。

制作方法:选择质量好的马铃薯洗净去皮(已发芽的要挖去芽及周围 1 小块),将其切成薄片。称取 200 克放入锅中,加入清水 1 000 毫升,加热煮沸并维持 30 分钟,用四层纱布过滤,取其汁液。将琼脂放在水中浸泡后加入马铃薯汁液中,继续加热至全部溶化(加热过程中要用玻璃棒不断搅拌,以防溢出和焦底),然后加入葡萄糖和热水补足 1 000 毫升,测定并调节 pH 值(用5%稀盐酸或5%氢氧化钠溶液)到所需范围内即可。配制好的培养基要趁热分装于试管,装入量约为试管长度的1/5,装管时要注意切勿使培基黏附试管口。分装完毕塞上棉塞,棉塞要求松紧适度,塞入长度约为棉塞总长度的2/3 左右,使之既有利通气又能防止杂菌侵入。

塞好棉塞后,把试管竖直放在小铁丝筐中,盖上油纸或牛皮纸,用绳扎好,或用绳子把试管扎成捆。棉塞部分用牛皮纸包扎好,竖直放入高压灭菌锅内进行灭菌,在 1.5 千克/厘米² 压力下保持 30 分钟。

灭菌后,待培养基温度下降至60℃时,再摆成斜面,以防冷凝水积聚过多。摆斜面时,先在桌上放一木棒,将试管逐支斜放,使斜面长度不超过试管总长度的 1/2,冷却凝固后,即成斜面培养基。

灭菌后的斜面培养基,要进行无菌测定,可从中取出 2~3 支,放入 30℃左右的恒温箱中培养 3 天,培养后表面如仍光滑、无杂菌出现,即可供接种。多次制作后,技术熟练已有把握的,可不做无菌测定试验。

高压灭菌操作步骤和注意事项:一是灭菌锅内加水至水位标记高度,首次使用需先进行 1 次试验,水过少易烧干造成事故;水过多棉塞易受潮。二是放入锅内的材料,不宜太挤,否则会影响蒸汽的流通和灭菌效果。体积大的瓶子,要分层放置或延长灭菌时间。三是盖上锅盖,同时均匀拧紧锅盖上的对角螺旋,勿使漏气,关闭气阀。四是点火逐渐升温,水沸后,待锅内压力升至 4.9 牛/厘米$^2$ 时,逐渐开大放气阀,放净锅内冷空气至压力降为"0",再关闭放气阀。如不放尽冷空气,即使加大至所需压力,而温度达不到应有的程度,也不能实现彻底灭菌的要求。五是继续加温至所需压力时,开始记录灭菌时间,调节火力大小,始终维持所需压力至一定时间。六是停火。让压力自然回降至"0"时,打开放气阀。七是打开锅盖,用木块垫在盖下,让蒸汽渐渐逸出,借余热烘干棉塞。八是取出已灭菌的材料,并清除剩水,以防锅底锈蚀。

第二,原种培养基制作。配方如表 4-1 所示。

表 4-1　原种培养基配方

| | | |
|---|---|---|
| | 锯木屑 | 78% |
| | 米糠(或麦麸) | 20% |
| 配方 A | 蔗糖 | 1% |
| | 硫酸钙(石膏粉) | 1% |
| | 水 | 适量 |

续表 4-1

| | | |
|---|---|---|
| 配方 B | 棉籽壳 | 40% |
| | 锯木屑 | 40% |
| | 麦麸或米糠 | 20% |
| | 蔗糖 | 1% |
| | 石膏粉 | 1% |
| | 水 | 适量 |

制作方法：木屑以阔叶树为好，棉籽壳和木屑均要求干燥无霉烂、无杂质，米糠或麦麸要求新鲜、无虫。将木屑（或棉籽壳）与麦麸、石膏粉拌匀，蔗糖溶于水，将其加至用手紧握培养料时指缝间有水渗出而不下滴为宜。然后将其装入菌种瓶中，边装边用捣木适度压实，装至瓶颈处为止，压平表面，在培养基中央钻 1 个洞直达瓶底。最后用清水洗净瓶的外壁及瓶颈上部内壁处，盖上棉塞，用牛皮纸包住棉塞及瓶口部分，用绳扎紧放入高压锅内，在 14.7 牛/厘米$^2$ 压力条件下保持 1.5 小时。如果采用土法灭菌，当蒸笼内达 100℃后再维持 6~8 小时。

第三，栽培种培养基制作。栽培种培养基配方及制作方法同原种。当采用其他用料栽培香菇时，可将上述配方中的锯末屑用料代替，其余成分不变，从而构成多种代用料配方。

③菌种分离和培育　香菇菌种制作为母种、原种、栽培种 3 个种类逐步扩大的过程。实践证明，香菇菌种的优劣，不仅直接影响到香菇的产量和质量，而且关系到香菇栽培的成败，因此生产中应认真做好菌种分离和培育工作。

第一，母种的分离和培育。母种是菌种生产的关键，直接关系到原种和栽培种的质量，也是香菇丰产的保证。

种菇要选择符合本品种特性的个体，可在出菇早、出菇均匀、产量高的菌块上或菇木上挑选，选出朵形端正、盖肉肥厚、柄短粗、无虫害的子实体作种菇。

组织分离法:选择符合种菇要求的菇蕾,用75%酒精揩拭表面后,再用小刀把菇蕾纵剖为二,在菌盖与菌褶交界处,切取1块约0.5厘米³的菌肉,移放在斜面培养基中央。如用已开伞的香菇作分离材料,则选菌盖与菌柄交界的菌肉。接种后,将试管放在22℃~24℃恒温箱中培养2~3天后组织块上长出白色的菌丝,并向培养基上蔓延生长。当菌丝长满斜面后,移到新的斜面培养基上,即可培育成母种。

第二,原种和栽培种培育。将已培育好的母种用接种针挑取蚕豆大小1块放入原种培养基上,在22℃~24℃条件下培育35~45天,菌丝体长满全瓶即成原种,每支母种可接6~8瓶原种。从原种里掏出菌种移入灭过菌的瓶子中,在22℃~24℃条件下培育2个月以上,菌丝体长满全瓶即成栽培种,每瓶原种可接栽培种60~80瓶。

第三,培育原种和栽培种注意事项:一是原种及栽培种的接种必须遵照无菌操作要求。二是接种后,从第三天开始就要经常检查有无杂菌污染,发现有污染的瓶子要及时取出处理。检查一般要继续到香菇菌丝体覆盖整个培养基表面并深入培养基2厘米时为止。三是培养好的菌种如暂时不用,要将其移放在凉爽、干净、清洁的室内避光保存,勿使菌种老化。

④菌块制作　7月中旬制作的栽培种,10月上旬即可掏瓶制作菌块。掏瓶前把掏瓶用具、瓶口、盛器及掏铲等所用工具均用0.1%高锰酸钾溶液或2%~3%来苏儿溶液消毒。掏瓶时先剥除老化褐色的菌皮,操作时尽量成块掏出,切勿掏得过碎。生产中要随掏随做块,不要推迟过久,更不宜过夜。做块方法:将掏出的菌种倒入30厘米见方、边高为7厘米的框内,用手压实,四周要紧一些,块的表面压平,注意不宜过紧或过松。若用配方A,一般11~12瓶菌种可做1块面积30厘米²、厚度4.5厘米左右的菌块;若用

配方 B,一般 12 瓶菌种做 1 块面积 30 厘米²、厚度 6 厘米左右的菌块。菌块直接压在覆有消过毒的塑料薄膜的木架或地上,菌块间距 3~4 厘米,以利空气流通。压好后用薄膜覆盖,以利保湿。

菌丝生长过程就是积累营养的过程,当养分积累到一定程度,在外界条件(如温度、水分、空气、光、营养、pH 值)影响下产生突变,由营养生长转入生殖生长,即菌丝生长进入子实体生长阶段。若菌龄太长,瓶壁上形成一层很厚的菌皮(这是营养被消耗、菌龄老化的一种表现),压块后,虽然转色较快,但颜色略淡。而且压块若遇高温(30℃以上)菌丝容易衰老而造成霉烂;菌龄太短,菌丝成熟度不够,仍处旺盛生长阶段,压块后,菌丝容易徒长,转色也慢,颜色为黄褐色,由于营养积累不足出菇也就延迟。压块最适宜的菌龄(即菌丝成熟度):一是菌丝发展到瓶底或塑料袋底的 10~20 天,此时瓶壁处开始呈现白色突起(原基)。二是透过瓶可看到瓶内表面的菌丝洁白,中央菌丝黄白色。三是揭开瓶盖塞有浓郁的菇香气味。四是菌种上表面覆盖一层黑褐色的菌膜,菌种本身粘结力很强。由于菌龄适当,压块后菌丝愈合快,转色及时、呈红棕色,若外界条件适宜一般压块后 15~20 天便可现蕾。

菌龄是内因,当菌龄适宜时,还必须给其合适的外界环境条件,才能使菌丝体发生突变,形成子实体。香菇属变温型菌类,菌丝体生长适温为 25℃,子实体生长适温为 15℃。生产中一般在 10 月上中旬压块,此时气温已降至 25℃以下,而且在做块后数天内温度能保持 22℃~25℃;以后气温下降,正值出菇时期。因此,栽培香菇必须根据当地气候条件科学确定做块时期,才能获得高产优质。

⑤出菇前管理

第一,菌块压好后,随着气温的变化,要灵活掌握掀动薄膜换气的时间。温度高时,第二天就要换气;温度适合时,第三天换气;温度偏低时,第五天后换气。换气的目的是增加氧气,促进菌丝迅速愈合,是防止高温发霉的有效措施。当表面菌丝开始发白时,应增加换气次数和时间。温度偏高每天换气 2~3 次,偏低换气 1~2 次,目的是降低菌块表面湿度,防止菌丝徒长,促进菌丝健壮生长。

第二,利用温差和干湿差,刺激子实体形成。香菇属变温结实性菇类,在恒温条件下香菇原基始终不能形成菇蕾。若条件改变则迅速形成子实体。当菌丝已生长成熟,积累了丰富的营养,菌丝生长的温度由 25℃突然下降至 15℃时,会很快使菌丝扭结形成子实体原基(其他条件也要符合要求,如湿度、光、空气等)。以"7402"菌株为例,在 10 月下旬至 11 月上旬,白天温度应为 21℃~23℃,夜间降至 9℃~11℃,温差应达到 10℃以上。压块 15~20 天后,让菌砖表面适当干燥 3~5 天,迫使表面菌丝互相交织、扭结,从而向周围菌丝吸收养分,使扭结的菌丝逐渐膨大形成原基、菇蕾。当菇蕾长到黄豆大时及时喷水,有利于子实体生长。因此,适当干燥有利于成熟的菌丝形成香菇原基,之后再度湿润有利于原基长成香菇。

⑥出菇期管理　加强出菇期水分管理,是提高香菇产量的重要措施。根据香菇不同季节的生长特点,对水分管理也应有所侧重。秋菇(10~12 月份)由于菌丝健壮,培养料含水量也较充足,能够满足原基生长,管理上主要是抓菇房保湿和控制塑料薄膜内温度、湿度和空气。

第一,当出现小菇蕾时,应把覆盖的塑料薄膜向上提高 5~6 寸,让其出菇。

第二,随菇大小、多少、气温高低,灵活掌握水量,保持空气湿度 85%~90%。

第三,第一批菇收后,停水几天,以利菌丝恢复。然后连续喷水几天,保持干干湿湿同时拉大温差至 10℃以上,以利于下一批子实体的形成。

冬菇(1~2 月份),菌块不宜过湿,保持湿润即可。过湿不利菌丝生长,小菇还容易死亡。冬季一般要求只出一潮菇,主要以养菌发壮为主,菌块内相对含水量不能低于 40%,一般以 50% 较理想。

春菇(3~5 月份),春菇水分管理极为重要。随着气温升高,此时菌块含水量已降低,应适当补给水分。可采用空中喷雾及地面浇水等方法,调整菇房空气相对湿度为 85%~90%,菌块表面用喷雾器均匀喷水,使之保持湿润状态。

喷水应灵活掌握,天晴多喷,阴雨天少喷或不喷,菌砖干燥时多喷,湿润时少喷,菌丝衰弱或有少量杂菌发生时少喷。

当菌块内部由于蒸发及多批菇的生长而失水过多,其相对含水量低于 40% 时,子实体的形成便受到抑制,此时可将菌块直接放入水中浸泡 12~24 小时,使其增重 0.5 千克左右,以补充菌块的水分。如果此时气温在 15℃ 左右,取出的菌块要放在培养室催蕾(温度控制在 22℃ 左右),等形成较多子实体时,再搬回菇房,保湿出菇。采用这种分期分批浸水催蕾的方法,可使香菇产量大幅度提高。

对菌块表面菌膜过厚、水分不易浸入的,可用小刀将表面划破几处,以便于吸水。每批菇采收后 10 余天,或有少量菇蕾出现时进行浸水,可刺激菇的发生和生长。

⑦采收与加工

第一,采收。采收过早影响产量,采收过迟又会影响质地,只有坚持先熟先采的原则才能达到高产优质。具体采收标准:菌伞尚未完全张开、菌盖边缘稍内卷、菌褶已全部伸直时为采收最适期,采菇应在晴天进行。

第二,干燥。香菇干燥方法有烘干和晒干 2 种,目前生产中多采用烘干和烘晒相结合的方法。一是烘干法。目的在于降低香菇含水量,达到商品干燥标准、含水量约 13%,以利长期保存。烘烤时要注意:当天收当天烘烤;火力或用其他热源均要先低后高,开始时不超过 40℃,每隔 3~4 小时升高 5℃,最后不超过 65℃;最好不一次烘干,至八成干时出烤,然后再"复烤"3~4 小时,这样可使产品干燥一致,香味浓,且不宜破碎。烘烤后的质量标准:香味浓,色泽好(菌盖咖啡色、菌格淡黄色),菌褶清爽不断裂,含水量约 13%。过干难运包,过湿难保藏。二是烘晒结合法。先将鲜菇菌柄朝上,置于阳光下晒 6 小时左右,在将干未干时立即烘烤。此法产品色泽好,营养好,香味浓,成本低。

第三,分级和贮藏。干菇极易吸湿回潮、发霉变质和生虫,影响质量。因此,香菇烘干后应立即按菇的大小、厚薄进行分级,而后迅速装箱或装入塑料袋密封,置干燥、阴凉处保藏。

# 二、短段木灵芝栽培管理技术

## (一)概　述

灵芝,又名红芝、赤芝、丹芝、仙草、瑞草,隶属于担子菌纲多孔菌目灵芝科灵芝属。灵芝是我国传统的真菌药物,通常人工栽培品种主要是赤芝。灵芝作为传统的中药和延年益寿滋补品的历史已有千年,内销市场开拓潜力巨大,发展灵芝产业前景广阔。灵芝短段木熟料栽培法,产品质量较木屑栽培好。

## (二)灵芝短段木栽培技术要点

1. **栽培原料及辅料**　适宜栽培灵芝的树种有壳斗科、金缕梅科、桦木科等,段木栽培一般选择树皮较厚、不易脱离,材质较硬,心材少、髓射线发达,导管丰富,树胸径 8~13 厘米,在落叶初期砍伐,不宜超过惊蛰。砍伐后,抽水 10~12 天,随之截段。用于横埋栽培方式的段木长度为 30 厘米,竖埋的段木长度为 15 厘米,其相对含水量以 35%~42%为宜。

2. **栽培季节的选择**　灵芝属于高温结实性菌类,子实体柄原基分化的最低温度为 18℃,气温稳定在 10℃~12℃时为栽培筒制作期。短段木接种后要培养 60~75 天,才能达到生理成熟,随后入畦覆土,再经历 30~45 天,芝体才会露土。

3. **栽培场所设置**　室外栽培场最好为宅地附近,可选择土质疏松、地势开阔、有水源、交通方便的场所作为栽培场。栽培场需搭建高 2~2.2 米、宽 4 米的荫棚,棚内分左右 2 个畦,畦面宽 1.5 米,畦边留排水沟。若条件许可用黑色遮阳网覆盖棚顶(遮光率为 65%),使棚内形成较强的散射光。

4. **填料**　选用对折径 15~24 厘米×55 厘米×0.02 厘米的低压聚乙烯筒。生产上大多选用 3 种规格的塑料筒,以便适合不同口径的短段木栽培。将截段后的短段木套入塑料筒内,两端撮合并弯折,折头用小绳扎紧。若使用大于段木直径 2~3 厘米的塑料筒装袋,30 厘米长的段木每袋装 1 段,15 厘米长的段木每袋装 2 段,也可数段扎成一捆装入大袋灭菌。

5. **灭菌**　填料装袋后立即进行常规常压灭菌,97℃~103℃保持 10~12 小时。

6. **接种**　选择适销对路、质量好、产量高的品种为生产菌株,目前生产中使用的菌株有 G801、G802、G6、G8 等。各级菌种需经严格的多次重复检查,确保无杂菌感染。制作方法和木腐生菌类方法相同,采用木屑棉籽壳剂型菌种较好。培养基表面出现浅黄色"疙瘩状突起",是灵芝特有的性状。段木接种时,菌种相对含水量应为 65%~70%。将冷却后的短段木塑料筒及预先选择、消毒过的菌种袋和接种工具一起搬入接种室,用气雾消毒盒熏蒸消毒,30 分钟后进行操作。先将塑料袋表层的菌种皮弃之,采用双头接种法。2 人配合,在酒精火焰口附近进行,一人将塑料扎口绳解开,另一人将捣成花生仁大小的菌种撒入,并立即封口、扎紧。然后在菌袋另一端用同样的方法接种,完成后分层堆放在层架上。

接种过程中应尽可能缩短开袋时间;加大接种量,封住截断面,既可减少污染,又可使菌丝沿着短段木的木射线迅速蔓延。

**7. 培养**  冬天气温较低,应人工加温至20℃以上,培养15~20天后稍解松绳索。短段木培养45~55天即可满筒,满筒后再经过15~20天进入生理成熟阶段方可埋入畦面。

**8. 排场**  我国南方地区一般清明前后进行排场,即将生理成熟的短段木横卧埋入畦面,这种横埋方法比竖放出芝效果更好。段木横向间距一般为3厘米,排场后全面覆土,覆土厚度为2~3厘米。覆土后连续2天淋重水,每隔2米用竹片起矮弯拱(离地15厘米)盖膜,两端膜稍打开,形成复式栽培棚。埋土的湿度为20%~22%,空气相对湿度为90%。

**9. 出芝管理**  子实体发育温度为22℃~35℃,倘若提早入畦,则提高地温。畦面保持湿润,以手指捏土粒有裂口为度,可偏干些。5月中下旬幼芝陆续破土露面,水分管理以干湿交替为好。若芝体过密可进行疏芝、移植,并注意逐渐地加大通风量,使幼芝得到充足的氧气供应。在柄顶端光线充足的一侧,出现1个小突起,并向水平方向扩展时,要注意观察将要展开的芝盖外缘白边(生长圈)的色泽变化,以防因空气湿度过小(<75%)而造成灵芝菌盖端缘变成灰色。夜间要关闭畦上小棚两端薄膜,以便增湿;白天打开,以防畦面二氧化碳过高(超过0.1%)而产生"鹿角芝"(不分化菌盖,只长柄)。通风是保证灵芝菌盖正常展开的关键。6月份以后,拱棚顶部薄膜始终要盖住,两侧则要打开,防止雨淋造成土壤和段木湿度偏大。温度为25℃时子实体生长较慢,其质地较密,皮壳层发育较好,有光泽。变温不利于子实体分化和发育,容易产生厚薄不均的分化圈。6月中下旬,为了保证畦面有较高的空气湿度,往往采用加厚遮阴物的措施。在子实体近成熟阶段湿度略降低,但始终要保持空气清新。菌盖沿水平方向一轮轮向外扩展呈肾形,当菌盖周边的白色生长点消失时,菌盖已充分展

开扩展停止。此时菌盖外沿依然继续加厚,当表面呈现出漆样光泽、成熟孢子不断散发出(即菌盖表面隐约可见到咖啡色孢子粉)时,便可收集孢子或采集子实体,此期管理应尽量减少振动。管理得当,7~10 天后从修剪的断面上又可重新出芝。

10. 采收与干制　当菌盖不再增大、白边消失、盖缘有多层增厚、柄盖色泽一致、孢子飞散时即可采收。采收后的子实体剪弃带泥沙的菌柄,在 40℃ ~60℃ 条件下烘烤至含水量为 12% 以下,用塑料袋密封贮藏。

# 三、黑木耳栽培管理技术

## (一)黑木耳栽培的生物学基础

1. 概述　黑木耳也称木耳、光木耳、云耳,属担子菌纲银耳目木耳科木耳属。黑木耳在我国历史悠久,早被劳动人民所认识和利用。远在 2100 多年前的《周礼》中就有记载,后魏贾思勰的《齐民要术》中记载着用木耳加工木耳菹的方法,唐朝苏恭等人著的《唐本草注》中也记载着当时生产木耳所用的树种和方法。明代医学家李时珍在《本草纲目》中记载着“木耳生于朽木之上……甘平……主治益气不饥,轻身强志……段蘖治痔……崩中漏下,血痢下血”。可见我国古代除将木耳列为佳肴外,对黑木耳的药用也有了相当的研究。

2. 黑木耳营养价值　经现代科学化验分析,每 100 克鲜黑木耳中,含水分 11 克、蛋白质 10.6 克、脂肪 0.2 克、碳水化合物 65 克、纤维素 7 克、灰分 5.8 克,还含有多种维生素,包括维生素 A 原 0.031 毫克、B 族维生素 0.7 毫克、维生素 C 217 毫克,以及维生素 D 原、肝糖等。黑木耳不仅营养丰富、滋味鲜美,还有药物作用,适于滋润强壮、清肺益气、补血活血、产后虚弱及手足抽筋麻木等症。

黑木耳子实体内含有丰富的胶质,对人类消化系统具有良好的清滑作用,可以清除胃肠中积败食物和难以消化的含纤维性食物;黑木耳中的有效物质被人体吸收后,能起清肺和润肺作用,因而它还是轻纺工人和矿山工人的保健食品之一。据美国明尼苏达大学医学院的研究发现,经常食用黑木耳可以降低人体血液的平常凝块,有防治心血管疾病的作用。我国黑木耳无论是产量或质量均居世界之首,是重要的出口商品,远销海内外,尤其在东南亚各国享有很高声誉,近年来已进入欧美市场,换汇价值较高。

3. **黑木耳生物学特性** 黑木耳是一种胶质菌,属于真菌门,由菌丝体和子实体两部分组成。菌丝体无色透明,由许多具横隔和分枝的管状菌丝组成,它生长在朽木或其他基质里面,是营养器官。子实体则生长在木材或培养料的表面,是繁殖器官,也是食用部分。子实体初生时像一小环,在不断的生长发育中舒展成波浪状的个体,腹下凹而光滑、有脉织,背面凸起,边缘稍上卷,整个外形颇似人耳,故得此名。菌丝发育到一定阶段扭结成子实体,子实体新鲜时,胶质状,半透明,深褐色,有弹性;干燥后收缩成角质,腹面平滑漆黑色,硬而疏;背面色暗淡,有短茸毛,吸水后仍可恢复原状。子实体在成熟期产生担孢子,担孢子无色透明,腊肠形或肾状,光滑,在耳片的腹面,成熟干燥后通过气流到处传播,繁殖后代。黑木耳是一种腐生真菌,没有叶绿素,自己不会制造食物,依靠其他生物体里的有机物质作为养分,而且必须在死亡的生物体上才能生长发育。黑木耳的菌丝对生物体里纤维素、半纤维素的分解能力很强,能使生物体最后粉碎。其担孢子在适宜条件下萌发成菌丝,或形成分生孢子,分生孢子萌发再生成菌丝。由于菌丝不断地生长,逐渐又产生分枝,并且在分枝中生成横隔,发育成每横隔内只有 1 个核的管状茸毛菌丝,即单核菌丝。这种由单孢子萌发生成的菌丝,有正、负不同性别的区分,把这种菌丝称为初生菌丝或一次菌丝。再通过 2 个不同性别的单核菌丝顶端细胞接触相互融合后,形成 1 个双核细胞,双核细胞通过锁状联合发育成以核菌丝。此时,菌丝不断的生长发育,并且生出大量的分枝向生物的深部蔓延,吸收大量的养分和水分,为进一步发育成子实体做好了准备,一旦条件成熟,即可在生物体表面产生子实体原基。

4. **黑木耳生长发育所需环境条件** 黑木耳在生长发育过程中,所需要的外界条件主要是营养、温度、水分、光照、空气和酸碱度,其中影响较大的因素为水分和光照。

(1)**营养** 黑木耳生长发育对养分的需求以碳水化合物和含氮物质为主,还需要少量的无机盐类。黑木耳的菌丝体在生长发育过程中,本身不断分泌出多种酵素,对木柴或培养料有很强的分解能力,菌丝蔓延到哪里就分解到哪里,通过分解来摄取所需养分,供子实体发育。选用木柴栽培木耳,特别是选用向阳山坡的青岗树栽培木耳,可以不考虑养分问题,这是因为树木中的养分完全可以满足木耳生长的需要。如果选用锯末或其他代用料栽培,则需要添加入少量的石膏、蔗糖和磷酸二氢钾等营养物质,可分为一次添加和二次补充,简称"先添后补"。

(2)**温度** 黑木耳属中温型菌类,菌丝体在 15℃~36℃ 条件下均能生长发育,但以 22℃~32℃ 为最适宜,在 14℃ 以下和 38℃ 以上受到抑制。但在木柴中生长的黑木耳,菌丝对短期的高温和低温则有相当大的抵抗力。黑木耳子实体在 15℃~32℃ 条件下可以形成和生长,在 22℃~28℃ 条件下黑木耳片大、肉厚、质量好,28℃ 以上则肉稍薄、色淡黄、质量差。15℃~22℃ 条件下虽然肉厚、色黑、质量好,但生长缓慢,影响产量。培养菌丝需要温度高些,子实体生长需要温度低些,简称"先高后低"。

(3)**水分** 黑木耳菌丝体和子实体在生长发育中都需要大量的水分,但两者的需要量有所不同,在适宜温度条件下,菌丝体在低湿条件下发展较快,子实体在高湿条件下发展迅速。因此,在接种时,要求耳棒相对含水量为 60%~70%,代用料培养基相对含水量为65%,这样有利于菌丝的发展。子实体生长发育虽然需要较多的水分,但应干湿结合,还要根据温度高低情况适当给以喷雾,温度适宜时栽培场空气相对湿度达到85%~95%,子实体生长发育比较迅速;温度较低时,不能过多的给予水分,否则会造成烂耳。培养菌丝阶段要干燥,子实体生长要湿润,简称"先干后湿"。

(4)**光照**　黑木耳系营腐生生活,光照对菌丝体本无太大关系,在光线微弱的阴暗环境中菌丝和子实体均能生长。但光线对黑木耳子实体原基的形成有促进作用,耳芽在一定的直射光下才能展出茁壮的耳片。根据经验,耳场有一定的直射光时,所长出的木耳既厚硕又黝黑;而无直射光的耳场,长出的木耳肉薄、色淡、缺乏弹性,有不健壮之感。黑木耳虽然对直射光的忍受能力较强,但必须给以适当的湿度,不然会使耳片萎缩、干燥,停止生长,影响产量。因此,生产中最好给耳场创造一种"花花阳光",以促使子实体迅速发育成长。在黑暗条件下,菌丝虽可形成子实体原基,但不开张;当有一定的散射光时,才可开张形成子实体,简称"先暗后明"。

(5)**氧气**　黑木耳是一种好气性真菌,在菌丝体和子实体的形成、生长、发育过程中,不断进行吸氧呼碳活动。因此,要经常保持耳场的空气流通,方可保证黑木耳生长发育对氧气的需要;防止郁闷环境,避免烂耳和杂菌的蔓延。菌丝生长需氧气较少,子实体生长需大量氧气,简称"先弱后强"。

(6)**酸碱度**　黑木耳适宜在微酸性环境中生活,以pH值5.5~6.5为好。用耳棒栽培木耳一般很少考虑这一因素,这是因为耳棒经过架晒发酵,本身已经形成了微酸性环境。但在菌种分离和菌种培养及代料栽培中,酸碱度是不可忽视的问题,必须把培养基的pH值调整到适宜程度。代料栽培时,应先调到适宜范围偏碱一些,通过自然发酵即达最适宜程度,简称"先碱后酸"。

5.**黑木耳菌种生产**　通常把从黑木耳上和耳棒中分离出来

的菌丝称母种,把母种扩大到锯末培养基上进行培养,产生的菌丝称为"原种",原种经过繁殖培养成为栽培种用于生产。配方 A:枝条 35 千克、锯末 9 千克、麦麸 5 千克、蔗糖 0.5 千克、石膏 0.5 千克、水适量。配方 B:棉皮 5 千克、木屑 35 千克、麦麸 9 千克、蔗糖 0.5 千克、石膏 0.5 千克、水适量。配制方法:先将枝条用 70%糖水浸泡 12 小时后捞出,木屑、麦麸倒在一起搅匀,再把余下的 30%蔗糖和石膏用水化开洒在上面,边加水边搅拌,其后的生产方法与生产母种相同。

## (二)段木黑木耳栽培技术要点

### 1. 耳棒准备

**(1)选树**　适合黑木耳生长发育的树种很多,除含有松脂、精油、醇、醚等树种和经济林木外,其他树种均可栽培木耳。生产中要因地制宜,选用当地资源丰富、又容易长木耳的树种,目前常用的树种有栓皮栎、麻栎、槲树、棘皮桦、米槠、枫杨、枫香、榆树、刺槐、柳树、楸树、法桐、黄连木等,其中以栓皮栎、麻栎为最好树种。

**(2)砍树**　传统习惯是"进九"砍树,一般从树叶枯黄至新叶萌发前均可进行砍伐。这是因为此期是树木休眠期,树干内的养分正处于蓄积不流动状态,水分较少,养分丰富而集中,这就叫砍"收浆树"。同时,此期间砍的树,树皮和木质部结合紧密,砍伐后树皮不易脱,利于黑木耳生长发育。砍伐树龄生于阳坡的为 7~8 年,生于阴坡或土质较差的为 8~10 年,树干直径以 10 厘米为最好。砍伐时要求树茬留低些,高出地面 10~15 厘米。可从树干的两面下斧,树茬留成"鸦雀口"状,这样对老树蔸发枝更新有利,既不会积水烂芽,也不会多芽竞发。生产中主张抽茬,不建议扫茬,这样既有利于保护幼树,又利于水土保持。

**(3)剔枝**　树砍倒后,不要立即剔枝,留住枝叶可以加速树木水分的蒸发,促使树干加快干燥,使其细胞组织死亡,同时还利于树梢上的养分集中于树干。一般砍伐后 10~15 天进行剔枝,剔枝时要用锋利的砍刀从下而上贴住树干削平,削成"铜钱疤"或"牛眼睛"即可,不能削得过深,伤及皮层。削后的伤疤,最好用石灰水涂抹,防止杂菌侵入和积水。

(4)截干  为了便于耳棒上堆、排场、立架、管理和采收等作业,以及放倒耳棒时便于贴地吸潮,应把太长的树干截成 1 米长的短棒。可用手锯或油锯截成齐头,并用石灰水涂抹,防杂菌感染。

(5)架晒  选择地势高燥、通风、向阳的地方,把截好的木棒堆成约 1 米高的"井"字形或鱼背形堆进行架晒,使其很快失水死去。在架晒过程中,每隔 10 天左右上下里外翻动 1 次,促使耳棒干燥均匀。架晒时间长短,要根据树种、耳棒的粗细和气候条件等灵活掌握,一般架晒 30~45 天,耳棒失去 3~4 成水分时,即可进行接种。

2. **耳场选择**  排放耳架的地方称为耳场。生产中最好选择背北面南避风的山坳作耳场,这地方光照时间长,昼夜温差小,早晚经常有云雾覆盖、湿度大,空气流通,最适宜黑木耳生长发育。同时,要求靠近水源、有利于人工降雨,坡度以 15°~30° 为宜,切忌选在石头坡、白垩土、铁矾土之处。场地选好后,先进行清理,把场内过密的树木进行疏伐,并割去灌木、刺藤及易腐烂的杂草,留少量树冠小或枝叶不太茂密且较高的阔叶树,用以夏季给耳架适当遮阴。栽培前施杀虫药剂,并用漂白粉、生石灰等进行消毒;冬季最好用柴草火烧场地。场地上生长的羊胡草、草皮、苔藓等不要铲除,有防止水土流失和保持耳场湿润的作用。

3. **接种**  接种就是把人工培养好的菌丝种点种到架晒好的耳棒上,使其在耳棒内发育定植,长出子实体,这是黑木耳人工栽培最关键的一道工序。接种时,先对耳场和耳棒进行消毒,而后上堆定植。上堆,是为了保持适宜的温度和湿度,使菌丝很快在耳棒内萌发定植、生长发育,这是接种成功与否的重要步骤。上堆方法:选好上堆地点,把杂草清除,洒少许杀虫药剂或漂白粉,耙入土内。然后将接种好的耳棒平放,堆成"井"字形或鱼背形,堆高1米,用塑料薄膜严密覆盖,周围用土压住,并撒一圈杀虫药,防止蚂蚁上堆吃菌丝。堆内温度保持22℃~32℃,空气相对湿度保持60%~70%,如果温度过高可将周围薄膜揭起通风,使温度降下来即可。每隔10天左右翻堆1次,即上下内外全面翻动1次,使堆内耳棒的温湿度经常保持均匀。第一次翻堆不必洒水,以后每翻堆1次洒1次水,若有机会接受雨水则更好。1个月左右即可定植。

4. **散堆排场**　耳棒经过上堆定植后,菌丝已经长出耳棒,便可散堆排场。排场的目的,是让耳棒贴地吸潮,接受自然界的阳光雨露和新鲜空气,改变它的生活环境,让它很快适应自然界,促使菌丝进一步在耳棒内迅速蔓延,从生长阶段转入发育阶段。排场的方法,是把耳棒平铺在地面上,全身贴地不能架空,每根间距2指。场地最好有些坡度,以免下雨场地积水淹了耳棒。每隔10天左右进行一次翻棒,即将原贴地的一面翻上朝天,将原朝天的一面翻下贴地,使耳棒吸潮均匀,避免好湿的杂菌感染。约1个月耳芽大量丛生,这时便可立架。

5. **立架管理**　耳芽长满耳棒,说明菌丝生长发育已进入结实阶段,此时需要"干干湿湿"的外界条件,立架可以满足其对环境条件的需要,并可减少杂菌和害虫。立架方法:用1根长杆做横梁,两头用带叉的树丫子撑住,然后把耳棒斜靠在横梁上,构成人字形,每棒间距6.67厘米,每架以50根棒计算产量。上架后应加强管理,俗话说"三分种,七分管"、"有收没收在于种,收多收少在于管",说明了管理的重要性。上架后管理主要包括防除杂草、杂菌、害虫,调节温湿度、空气和光照。夏天中午要尽量避免强光直射耳架;冬季对始花耳棒要放倒,让其贴地吸潮和保暖,促使翌年早发芽、早结耳。

6. **采收晾晒** 木耳长大后,要勤收细拣,确保丰产丰收。春耳和秋耳要拣大留小,让小耳长大后再拣;伏耳要大小一齐拣,这是因为伏天温度高、虫害多、细菌繁殖快,会使成熟的耳子被虫吃掉或烂掉。拣耳最好在雨后天晴耳子收边时,或早晨趁露水未干耳子潮软时进行。采收后应放在晒席上摊薄,趁烈日一次晒干,晒时不宜多翻,以免造成拳耳。如遇连阴雨天,应采取抢收抢采,把采收的湿耳子平摊到干茅草或干木耳上吸去部分水分,天晴后再搬出去一次晒干;来不及抢收的,可用塑料薄膜把耳架盖住,避免已长成的木耳淋雨吃水,造成流棒损失。

### (三)代用料黑木耳栽培管理技术

目前,生产中以塑料袋栽培为主,其生产流程:

40 天左右的栽培种接种后经 2 个月左右→栽培袋开洞→7~10 天耳芽形成→15~20 天成熟采收→10 天左右第二次耳芽形成→15~20 天成熟采收→10 天左右第三次耳芽形成→15~20 天采收

1. **选用优良菌种** 黑木耳栽培菌种,是从段木栽培黑木耳菌种中驯化筛选而来的,因此不是所有适于段木栽培的菌种都可作为代料栽培的菌种。栽培种的菌龄以 30~45 天为适宜,这样的栽培种生命力强,可以减少培养过程中杂菌污染,也能增强栽培时的抗霉菌能力。一般选择菌丝体生长快、粗壮,接种后定植快,生产周期短,产量高,产品片大、肉厚、颜色深的作为菌种。

2. **代用料配方** 常用培养基配方:①木屑培养基配方为木屑 78%、麦麸 20%、石膏粉 1%、白糖 1%,加水 65%左右。②棉籽壳培养基配方为棉籽壳 90%、麦麸 8%、石膏粉 1%、白糖 1%,加水 65%左右。③玉米芯培养基配方为玉米芯 70%~80%、锯木屑 10%~20%、麦麸 8%、石膏粉 1%、白糖 1%、水 65%左右。④稻草培养基配方为稻草 75%、麦麸 15%、锯木屑 8%、石膏粉 1%、白糖

1%,加水 65%左右。如果条件许可,在上述培养基中加入 2%的黄豆粉则效果更好。

3. **调料与装袋** 将培养料按配方比例称好、拌匀,把糖溶解在水中注入培养料内,加水翻拌,使培养料相对含水量达 65%左右,即加水至手握培养料有水渗出而不下滴。然后将料堆积起来,闷 30~60 分钟,料吃透糖水后立即装袋。

装袋方法有 3 种,各有利弊,可根据情况选择使用。①选用厚度为 5 微米左右、规格为 17 厘米×33 厘米、底部为方形的塑料袋。如果是平底袋,应在装袋之前先将袋底部 2 个角向内塞,直至 2 个角碰到为止,这样装入培养料后比较平稳,能够直接放于培养架上。装袋时,将已拌好的料缓缓装入袋内,边装边在平滑处用力振动,使培养料密实,且上下松紧一致。培养料装至袋高的 3/5 即可,然后用干纱布擦去袋上部的残留培养料,加上塑料颈套后把塑料袋口向下翻,并用橡皮筋扎紧,形状像玻璃瓶口一样,塞好棉塞。②选用直径 13 厘米的筒状聚丙烯塑料袋,剪截为 35 厘米的长度,一端用棉线扎紧,再用烛火或酒精灯火焰将薄膜烧熔化,使袋口密封。从开口的一端把培养料装入袋内,边装边在料堆上振动,或用手指压实,装至距袋口 5 厘米处为止。然后把余下塑料袋扭结在一起,用棉线扎紧,在烛火或酒精灯火焰下将薄膜熔化密封。在光滑的桌面上用手将袋压成扁形,再用直径 2 厘米的打孔器,在袋的一面每隔 10 厘米打 1 个直径 2 厘米、深 1.5 厘米的洞。用剪刀把准备好的药用胶布,剪成 3~4 厘米见方的块,贴在洞口上。为了接种时操作方便,胶布的其中一角可卷成双层。③选用直径 13 厘米的筒状聚丙烯塑料袋,一端用线绳扎着,从另一端把培养料装入袋内并用手压实,料装至距袋口 5 厘米处为止。然后把余下的塑料袋收拢起来,用线绳扎着。生产中应注意无论哪种装袋方法,都必须做到当天拌料、当天装袋、当天灭菌。

4. **灭菌与接种** 装好的栽培袋放在高压灭菌锅里灭菌,在

147 牛/厘米$^2$ 的压力下保持 1.5~2 小时,待压力表降至零时将袋子趁热取出,立即放在接种箱或接种室内。若用常压灭菌灶灭菌需保持 6~8 小时,待袋温下降至 30℃时放在接种室。接种箱或接种室空间用高锰酸钾或甲醛熏蒸 30~40 分钟消毒。生产中应注意,连续接种时间不要太长,以免箱内温度过高;接种的量要多些,以缩短菌丝长满表面的时间,减少杂菌感染的机会;黑木耳抵抗霉菌、特别是木霉的能力比较弱,因此灭菌一定要彻底;接种要按无菌操作进行,以提高成品率。

5. **菌丝培养** 在菌丝培养过程中,既要创造使菌丝体健壮生长,又能控制子实体无规则形成的条件,在诸条件中温度是最重要的因素。培养室的最适温度为 22℃~25℃,由于袋内培养料温度往往高于室温 2℃~3℃,所以培养室温度不宜超过 25℃。特别是在培养后期,若温度超过 25℃,袋内会出现黄水,而且水色由淡变深、由稀变黏,这种黏液容易促使霉菌感染。培养室空气相对湿度保持 50%~70%,湿度太低培养料水分损失多,培养料干燥,对菌丝生长不利;但若空气相对湿度超过 70%,则棉塞上会长杂菌。光线能诱导菌丝体扭结形成原基,为了控制培养菌丝阶段不形成子实体原基,培养室应保持黑暗或极弱的光照强度。培养室内四周撒一些生石灰,使之成为碱性环境,可减少霉菌繁殖的机会。栽培袋放在培养架或堆积在地面上培养菌丝时不宜多翻动,这是因为塑料袋体积不固定,用手捏的地方体积变化把空气挤出袋外,当手离开时其体积复原,就会有少量的空气入内,这样就有可能进入杂菌孢子。另外,在手接触袋壁的地方,增加了塑料袋与培养料的压力,若遇到较尖锐的培养料就会刺成肉眼看不见的小孔,杂菌孢子也会由此而进入,增加感染率。因此,在培养过程中尽量少动,在检查杂菌时一定要轻拿轻放,发现杂菌应及时取出另放在温度较低的地方继续观察。若污染程度比较轻,可用甲醛药液注射到杂菌处,再用小块胶布把针眼贴住,可以控制杂菌继续蔓延。

6. 开洞　当黑木耳菌丝长满袋时,即可将菌袋从培养室移到栽培室,把棉塞、塑料颈套去掉,袋口用绳子扎好或把胶布揭掉。准备两盆 5% 石灰水,先将袋子放在 1 个盆里浸洗干净,取出。用刀片在袋子的四周,按 2 洞间距 5~6 厘米开长度为 1~1.5 厘米、深及料内 0.3 厘米的小口,也可先在菌袋的一侧开洞。将已开洞的菌袋在另一盆石灰水中浸泡一下,使洞口处于碱性环境,可有效地防止杂菌危害。

7. **出耳期管理**　开洞后的菌袋,可平放在栽培室的菌床架上,也可悬挂在苗床架上或林下树枝上,还可以放在铺湿沙的地面上,随即创造黑木耳形成子实体原基的条件。栽培环境空气相对湿度要达到 90%~95%,室温尽可能控制在 20℃~25℃,同时良好的通风和较强的散射光照也是黑木耳原基形成必不可少的条件。开洞处菌丝体能得到较充足的光线、空气和湿度,可有效地促进此处子实体的形成。所以,开洞栽培黑木耳,子实体都在开洞处形成或在塑料袋的破裂处形成,这就是所谓的"定向出耳"。在适宜的温度、湿度和通风透光条件下,一般开洞 7~12 天,肉眼便能看到洞口有许多小黑点产生,并逐渐长大,连成 1 朵耳芽。这时需要更多的水分、15℃~25℃ 的温度、较强的散射光照和良好的通风条件。如果遇见连阴雨天气,可把已形成耳芽的栽培袋挂在露天下,充分满足对温、湿、光、空气的需要,耳芽发育更快。如果在耳基部或幼小耳片上发现有绿霉菌和橘红色链孢霉污染,可将菌袋放在水龙头下小心冲洗掉杂菌,但要注意不要把子实体冲掉。在适宜的环境条件下,耳芽形成后 10~15 天,耳片平展,子实体成熟,即可采收。

8. 采收与加工　黑木耳成熟的标准是耳片充分展开并开始收边,耳基变细,颜色由黑变褐。要求勤采细采,采大留小,不使流耳。成熟的耳子留在菌袋上不采,易发生病虫害或流耳。采收时,用小刀靠袋壁削平即可。采收的木耳要及时晒干或烘干,烘烤温度不超过 50℃,温度太高,木耳会黏合成块,影响质量。木耳干后,及时包装贮藏,防止霉变或虫蛀。

# 四、红菇栽培管理技术

## (一)概 述

红菇,又名美丽红菇、鳞盖红菇,是一种野生稀有珍贵的菇品,分布于辽宁、江苏、江西、福建、广西、四川、云南等地,每年夏秋季群生或单生于林中腐殖地上。红菇营养丰富,味道鲜美,且有药用功效。在福建闽南地区妇女分娩时必食红菇补充营养,在我国广州、香港等地及东南亚等国家很受欢迎。

红菇生长具有很强的区域性,一般在常绿阔叶树林,尤其是以柯木、拟赤杨为主体的阔叶林中更适宜生长。福建省建溪翁陈明考诗云:"嘉禾原野郁葱茏,阔叶林中香气浓。但见红菇心窃喜,丰收在望乐其中。"福建建阳红菇主要特点是单株大、个体饱满,菇脚敦实质硬、呈乳白色,菇面厚圆润泽、呈朱红色,菇底纹路规整、呈暗蓝色,味道清甜可口,是天然野生食用菌中之极品。若论品种可分为粗脚和细脚、朱红与鲜红等。

## (二)红菇野外荫棚畦栽技术要点

1. 栽培季节 红菇属于中温偏高型的菌类,野生红菇多发生于夏季。红菇菌丝生长适温 20℃~25℃,出菇适温 23℃~28℃,栽培季节为春接种、夏出菇。通常以 5 月份接种,菌丝培养 45~50 天,6 月下旬至 7 月份出菇,菌种生产应按栽培接种期提前 70 天进行原种和栽培种制作。

2. 原料选择 红菇属于草腐土生菌类,主要以分解粪、草有机质作为主要营养进行繁衍。野生红菇子实体多发生于林中潮湿、富含有机质的肥沃土壤上,基质为腐烂秸秆、杂草、树叶及畜粪。根据红菇的生长特性,栽培料以富含纤维素的农作物秸秆为宜,如棉籽壳、棉花秸、甘蔗渣、黄豆秸、玉米芯、玉米秸、高粱秸及山上芦苇、斑茅、象草、节芒等均可利用。

3. **培养料配制** 红菇要求比较丰富的养分,以配制合成培养料为宜。下面介绍几组配方,供选用。

配方1:棉籽壳86%,麦麸8.5%,石灰2%,碳酸钙1%,过磷酸钙2%,尿素0.5%。

配方2:黄豆秸48%,花生壳20%,棉籽壳19%,麦麸10%,过磷酸钙1%,碳酸钙2%。料与水比例为1:1.3。

配方3:棉籽壳90%,麦麸5%,石灰1%,过磷酸钙1.5%,碳酸钙1%,尿素0.5%。料与水比例为1:1.3。

配方4:芦苇50%,杂木屑16%,棉籽壳30%,石灰1.5%,过磷酸钙2%,硫酸镁0.5%。料与水比例为1:1.3。

配方1和配方2主要用于熟料袋栽,配方3和配方4适用于发酵料床栽。

红菇栽培分熟料袋栽和发酵料床栽,两种栽培方式不同,培养料制作也有区别。熟料栽培按照配方1和配方2,将培养料拌匀,相对含水量掌握在60%左右,然后装入规格为17厘米×33~35厘米的聚丙烯塑料袋内,经高压灭菌、冷却接种(按常规要求)。发酵料床栽按照配方3和配方4,将培养料混合拌匀,集中成堆发酵处理。料堆高0.8米、宽1米,长度视场地而定,堆料后盖膜保湿。发酵时间5~7天,料温达到65℃时开始翻堆,期间翻堆2~3次。

4. **接种培养** 栽培方式不同,接种培养方法也有区别。

(1)**袋栽** 待料袋温度降至28℃以下时,在无菌条件下将红茹菌种接入袋内的培养基上,用棉塞封口。接种后移入温度为23℃~25℃的室内发菌培养,空气相对湿度控制在70%以下,保持空气流通,防止室内二氧化碳浓度骤增。发菌培养时间通常为30

天左右,待菌丝发满袋后,将菌袋搬到野外荫棚内脱袋。脱袋后采取卧式排放于事先经过消毒处理的棚内畦床上,覆盖腐殖土 3~5 厘米厚,畦床四周用泥土封盖,让菌筒在畦床内继续发菌培养。

**(2)床栽** 将发酵料铺于畦床内,料厚 15~18 厘米。方法是在畦面先铺一层料播一层菌种,继续铺一层料播一层种,再盖一层料,形成 3 层料 2 层种。一般每平方米用干料 10 千克,菌种量占料量的 10%。播种后整平料面,稍加压实,然后在畦床上方拱罩薄膜防雨。待菌丝吃料 2/3 时,覆土 3~5 厘米厚。生产中要注意通风,使畦床空气保持新鲜,以利菌丝发育。

**5. 出菇管理** 菌袋进入野外畦床排场后,应保持覆土湿润,土壤含水量不低于 20%。野外地栽一般不喷水,气候干燥、土面发白时可喷水保持土壤湿润,但切不可渗入料中,以免菌丝霉烂。覆土后一般 20 天左右即可出菇,此时温度保持 23℃~26℃,并进行人工调节变温刺激和干湿交替,促进菌丝扭结形成原基,分化成菇蕾。菇棚内要"三分阳、七分阴"光照,子实体发育阶段每天上午揭膜通风,并结合喷水 1 次,空气相对湿度保持 90% 为宜,并保持菇棚内空气新鲜。出菇期正值炎夏高温季节,应采取喷水降低空间温度、畦沟蓄水降低地温、加厚棚顶遮盖物抵制外界热源等措施,人为创造适宜长菇的环境。出菇阶段如果发现杂菌污染,应及时挖掉受害部位,并撒上石灰粉,1~2 天后再覆盖新土,并加强通风,保持空气新鲜。

**6. 采收加工** 红菇子实体成熟标志为菌盖伸展中间略凹,色泽艳红。采收时连根拔出,采收后可鲜品应市,也可阳光晒干或机械脱水烘干成干菇商品。

# 五、竹荪栽培管理技术

## (一)概　述

竹荪又名长裙竹荪、竹笙、竹参,为鬼笔目鬼笔科竹荪属中著名的食用菌。竹荪子实体中等至较大,幼时卵球形、后伸长,菌盖钟形,柄白色、中空,壁海绵状,孢子椭圆形。竹荪口味鲜美,是著名的珍贵食用菌之一,对减肥、防癌、降血压等均具有明显疗效。竹荪是优质的植物蛋白和营养源,菌体含蛋白质 20.2%,粗脂肪 2.6%,碳水化合物 38.1%,还含有 21 种氨基酸,其中谷氨酸含量尤其丰富,占氨基酸总量的 17% 以上,为蔬菜和水果所不及。而且竹荪所含的氨基酸大多以菌体蛋白的形态存在,不容易丧失。竹荪还含有多种维生素,如 B 族维生素中的维生素 $B_1$、维生素 $B_2$、维生素 $B_6$ 及维生素 A(D、E、K)等,其中维生素 $B_2$(核黄素)含量较高,长裙竹荪干品中维生素 $B_2$ 含量高达 53.6 微克/千克,红托竹荪干品含量达 21.4 微克/千克。竹荪所含多糖以半乳糖、葡萄糖、甘露糖和木糖等异多糖为主。竹荪含多种微量元素,其中锌 60.20 毫克/千克、铁 68.7 毫克/千克、铜 7.9 毫克/千克、硒 6.38 毫克/千克。

## (二)竹荪栽培技术要点

1. **田块要求**　竹荪栽培田块要求交通便利,土质要求疏松肥沃、腐殖质含量高、透气性强的土壤。种植前 1 个月,逢雨天结合整地每 667 米² 施尿素 30 千克、过磷酸钙 50 千克,以增加覆土的养分。选择竹荪种植田块应注意的问题:①种植田块应防旱、防涝。②竹荪种植不能连作,应间隔 2 年以上,且周边田块未种过竹荪为最佳;多年种植区产量逐年下降。③当年种植过甘薯、玉米等作物的田块不宜种植竹荪。④细沙土为主的田块保水性差,易受旱,产量低。

**2. 品种选择** 目前,竹荪种植品种主要有长裙竹荪 D89、D1,每 667 米² 用菌种 600 袋(每袋 0.5 千克)。用菌种量多,菌丝生长快,出菇早且整齐,产量高。菌种的质量关系到全年产量,购菌种时,应看菌种生产厂是否证件齐全。

**3. 备料建堆** 备料时间一般选在 9～12 月份,培养料应选择新鲜的,发黑、腐烂的原料已变质,不宜使用。原料购回后堆放期间,应防止遇高温下雨自然发酵而烧料,降低培养料的养分。培养料"三增加"内容:一是增加用菌量,菌种相对越多,出菇越早,产量越高。二是增加氮肥的配比,尿素应占培养料的 1%。三是增加培养料的用量,每 667 米² 用料 6 000 千克。

备料建堆方法:①培养料可选择竹屑、木屑、大豆秸、谷壳、巨菌草等。②每 667 米² 备料量。竹屑 12 米³、木屑 2 米³、尿素 50 千克、麦麸 50 千克,要求覆土和培养料的 pH 值 5～6。③建堆发酵。竹荪是腐生菌类,通过建堆发酵,将复杂的碳水化合物分解、腐熟,降解为易被竹荪菌丝吸收利用的营养物。12 月初开始建堆发酵,操作时,先铺一层原料,再撒尿素、浇清水,使培养料相对含水量 60%左右;然后再加一层原料,撒尿素、浇水,如此反复,使料堆高约 1.5 米。每隔 15 天翻堆 1 次,共翻 3～4 次,每次翻堆根据培养料的干湿加水。翻堆的原则:内外料对换,就地翻堆,利用天晴温度较高时翻堆,热量散失少,有利于培养料再次升温发酵。建堆发酵过程需 50～60 天,直到散尽培养料中的废气。建堆发酵的目的一方面是增加培养料的含氮量,使培养料变软、腐熟;另一方面是发酵时产生高温杀死杂菌、害虫和破坏培养料的生物碱。

**4. 播种适期的确定** 竹荪属中温型菌类,菌丝体生长温度 8℃～30℃,最适 20℃～26℃;子实体生长温度 19℃～28℃,最适 22℃～26℃。当温度稳定在 8℃以上即可播种,一般在 1 月中旬至

2 月份播种,播种后 70~80 天进入菌蕾和子实体发育期,温度达到 20℃ 以上时出菇,4 月下旬可以开始采收,9 月中旬结束,可采 3~5 潮竹荪。

5. **做畦播种** 栽培前用 0.25% 氟虫腈溶液,均匀喷雾在培养料中,消除害虫。

(1) **畦床整理** 竹荪是好氧性菌类,要求基质和土壤中氧气充足,菌丝生长快,子实体形成也快,而且具有边际效应特点,即子实体多长在畦边,畦中部出蕾较少,因而畦面不宜过宽。畦床宽 50~60 厘米,畦沟宽 25~30 厘米,根据地形开挖排水沟,防止因雨季积水造成菌丝缺氧窒息死亡。

(2) **下料播种** 将发酵料堆成龟背式的畦,同时检查基料中是否还有氨气存在,如有则需把培养料再晾几天播种,晾料期间要防止大雨冲刷损失养分。播种时,如培养料太干应浇水。采用 "一"字形双排播种法,摆播块状菌种后,稍盖些培养料和麦麸,再覆土厚 4~5 厘米,最后用稻草覆盖 1 厘米厚,1~2 天后稻草吸湿变软时覆盖地膜,保温保湿促进菌丝生长。

(3) **发菌管理** 约 15 天后,抽样检查菌种萌发和吃料情况,要特别注意发酵地的菌种。如发现块状菌种变黑,应查明原因后再补种,确保菌种成活率达 95% 以上。

6. **田间管理**

(1) **搭建荫棚** 温度达 15℃ 以上,菌丝不断生长为菌索,发现有小菇蕾时应立即遮阴。早春遮阳物宜薄些,随着气温上升,可渐渐加厚,遮光度调节到 "三分阳,七分阴"。立夏期间棚内过阴或积水,易发生褐发网菌。

(2) **控温调水** 菌丝经过培养不断生长,吸收大量养分后形成菌索,由营养生长转入生殖生长。要使菇蕾生长快,基质相对含水量应保持 60%,覆土含水量保持在 20%,畦面青苔是土壤含水量适宜的指示植物。干旱时,采用灌跑马水或喷水等方式,防止菌丝、子实体缺水死亡。通过揭、盖薄膜调整畦温,气温超过30℃以上,要揭膜降温;若低于16℃,除了透气外,还要把薄膜盖好防雨保温,但出现徒长菌丝可掀膜通风。

**(3)出菇管理** 出菇阶段主要是进行场地的保温保湿。覆土发白时沟灌水,浇水量以用手捏料能成团而无水挤出为宜,土壤湿度一般控制在手捏土粒能扁黏为度。

**(4)畦床除草** 在现蕾时,用草甘膦等除草剂喷施除草(按说明书用药)。不宜采用人工拔除杂草,防止因表土松动而破坏菌丝正常生长。

**(5)施肥** 第一潮竹荪采收结束后进行追肥,促进第二潮竹荪生长。施肥应在下午3时后进行,可追施0.5%尿素溶液和0.5%磷酸二氢钾溶液。追施应掌握薄施、勤施的原则,防止过高浓度烧蕾。

**7. 烘烤** 为了使竹荪外观不碎损,保持色泽新鲜、整齐饱满,达到增产增收的目标,对采收的竹荪应进行2次烘烤。

**(1)排湿定型期** 将采收的竹荪整齐地摆在筛子上,待竹荪完全开后再放进烤房烘烤。烘烤时打开炉顶开窗烧大火,要求温度在60℃~65℃,进行排湿定型。如烘烤前期温度太低、排湿太慢,会造成竹荪缩管。

**(2)烘干定色期** 待竹荪脱水至八成干时,即完成排湿定型。打开烘箱门取出竹荪捆扎整齐,然后立起放进烘箱中进行烘干定色。此期烘烤温度掌握在50℃~55℃,不可太高;否则菇裙容易变黄,影响品质。烘干定色后取出装入塑料袋密封,放入阴凉干燥房间保存待售。

# 六、灰树花栽培管理技术

## (一)概　述

灰树花俗称栗蘑,是食、药兼用蕈菌,夏秋季节常野生于栗树周围。子实体肉质,柄短呈珊瑚状分枝,重叠成丛,其外观婀娜多姿、层叠似菊,其气味清香四溢、沁人心脾,其肉质脆嫩爽口、百吃不厌,具有很好的保健作用和很高的药用价值,近年来作为高级保健食品风行于日本、新加坡等国际市场。灰树花具有松蕈样芳香,肉质柔嫩,味如鸡丝,脆似玉兰,其营养和口味均胜过香菇,能烹调成多种美味佳肴。

## (二)灰树花生长发育条件

### 1. 营养需求与栽培原料

**(1)营养需求**

①碳源　葡萄糖最好、果糖较差;纤维素、半纤维素、木质素等大分子糖类也能被分解利用。

②氮源　对蛋白胨、玉米浆、黄豆饼粉等有机氮利用最好,不能利用硝态氮。

③矿质元素　常量元素钾、钠、钙、镁、磷、硫等,微量元素铁、铜、锰、钼等。

④生长素类　维生素 $B_1$ 为必要物质,植物生长调节剂三十烷醇使用最多。

**(2)栽培原料**　木屑,特别是栗子树的木屑为主要培养料。禾谷类秸秆、棉籽皮、玉米芯、纸浆渣、葵花籽壳、油菜籽壳、大豆秸、葵花盘、花生壳等含有纤维素和木质素的有机物均可作培养料。

2. 环境条件

**(1)温度**　菌丝在 6℃～37℃ 条件下均可生长,适宜温度为 21℃～27℃,42℃ 以上菌丝开始死亡。子实体发育温度为 15℃～27℃,最适温度为 18℃～22℃。

**(2)水分**　菌丝体生长要求培养料相对含水量为 55%～60%(即 100 千克干料加水 100～120 升)。子实体生长要求空气相对湿度为 85%～93%。

**(3)空气**　灰树花菌丝体对氧气要求与平菇相似,子实体形成需要大量氧气,应加强通风。灰树花子实体对二氧化碳敏感,浓度过高子实体生长迟缓、不分化,且易造成杂菌污染。

**(4)光照**　菌丝生长不需光,辅以 50 勒的光照有利于原基的形成。子实体分化发育期要求 200～500 勒的光照,光照能使子实体颜色变深,灰树花子实体具有向光性。

**(5)酸碱度**　灰树花菌丝生长的 pH 值为 3.4～7.5,最适 pH 值为 4.4～4.9。子实体生长阶段 pH 值以 4 为宜。

## (三)栽培场地选择

灰树花栽培场地,应选择交通运输便利,地势较高,水源充足,远离垃圾堆、禽畜养殖场及油漆厂、化工厂、农药厂等易污染的区域(果树林下空地更理想)。

## (四)配料、装袋、灭菌

栽培料配方应因地制宜,尽量选用当地的原材料。

1. **配料**　配方 1:阔叶木屑(或棉籽壳)80%、麦麸 18%、蔗糖 1%、石膏粉 1%。配方 2:栗木屑 45%、棉籽皮 45%、麦麸 8%、蔗糖 1%、石膏 1%。配方 3:阔叶树木屑 26%、玉米芯 50%、麦麸 20%、黄豆粉 3%、石灰粉 1%。

2. **装袋**　采用袋式栽培,选用耐高温、高压的聚丙烯或乙烯菌袋,规格为口径 20 厘米×33 厘米,厚度 0.05~0.06 厘米,将料装在菌袋内,用皮筋或绳将袋口扎紧,装料应松紧适度。

熟料栽培是指用常压或高压灭菌的培养料栽培食用菌的方法。夏季杂菌密度大,繁殖率高,因此需要将栽培料全部灭菌。

3. **灭菌**　高压蒸汽灭菌 0.14 兆帕、127℃、2 小时;常压灭菌 100℃,保持 10~12 小时。

### (五)接种与发菌

1. **接种**　当菌袋温度降至 25℃~30℃时开始播种,用手将栽培种掰成直径为 1~1.5 厘米大小的块,于袋一头播种,菌种量 5%~10%。要求接种室内彻底消毒灭菌,接种时 1 锅消毒的菌棒 1 次完成,接种动作要迅速,轻拿轻放,防止菌袋产生微孔,发现微孔用胶带迅速粘好。

2. **发菌**　是指接种后菌丝在培养料中定植、生长繁殖的过程。将菌袋码放在培养室内,堆码 6~8 层,3~5 天翻堆 1 次。当接种端菌丝体封严料面后,应立即在长满菌丝的地方打孔通气,以利菌丝快速生长。发菌期要求避光发菌,前期温度保持 22℃~26℃、中后期 21℃~25℃,空气相对湿度保持 65%~70%,一般 25~30 天菌丝发满袋,再后熟 7~10 天,35~40 天开始育菇。

### (六)出菇管理(仿野生栽培)

仿野生出菇:木屑作培养基的栽培菌袋,在菌丝满袋后脱去塑料袋,将菌棒整齐地排列在事先挖好的畦内,菌棒间留适当间隙,在菌棒缝隙及周围填土,表面覆 1~2 厘米厚土层。这种覆土栽培形式,生物效率可达 100%~120%,优于其他出菇方式。

1. **覆土出菇**　发满菌后,将料袋码放在事先准备好的畦内,准备出菇管理。一般畦宽 60~80 厘米,深度 40~45 厘米,长度随栽培地点和栽培量而定,菌棒覆土后与地面有 20 厘米的空间,畦底撒石灰灭菌、防虫。

2. **架设小拱棚**　用沙土覆盖 1.5~2 厘米厚，浇大水 1 次，然后做小拱棚。小拱棚膜的方向朝北或东北，向太阳的方向用草苫盖住，起降温的作用。

3. **子实体生长发育与管理**　出菇期温度保持 18℃~25℃。原基出土之前，空气相对湿度保持 70% 左右，促进菌丝后熟及联合。发现菇蕾后喷雾，使空气相对湿度提高至 85%~90%。出菇初期，从原基产生到子实体分枝开始放叶之前 8 天左右，以雾状喷水为宜，空气相对湿度保持 90%，温度保持 20℃~23℃，减少通风量。

4. **铺砾**　出现幼菇后在幼菇四周撒 1~2.5 厘米厚的小石砾，或出菇前整体撒一层小石子，托起子实体，减少子实体与土壤的接触机会，使子实体干净，提高商品性。菇体开始放叶到成熟，应增加通风量，延长棚内散射光照射时间。一般早晨 7~8 时、下午 4~5 时棚内保持散射光，这样才有利于菇体形成灰色或浅灰色，提高产品质量。

## （七）适时采收

出现原基后在 23℃~28℃ 条件下，12~16 天（冬天 16~25 天）菌盖大部分展开、菌盖边缘白色变淡时应及时采收；采收过迟，菌盖边缘白色消失则不能食用。可连续采 3 潮菇。

······················ 第五章 ······················

# 药 材 类

## 一、金线莲栽培管理技术

### (一)概 述

1. **形态特征** 金线莲别名金线兰、金丝草,为兰科开唇植物花叶兰属多年生珍稀中草药,在民间素有"药王"、"金草"、"神药"、"乌人参"等美称。金线莲根茎较细,节明显,棕褐色。叶片上面黑紫色、有金黄色网状脉,下面暗红色,主脉3~7条。根茎圆柱形,多弯曲,长1~5厘米,表面棕褐色,茎节明显,下部集生2~4片叶。叶互生,多卷缩而完整,展开为宽卵形,表面黑棕色,下面暗红色,部分叶脉紫红色,叶柄基部鞘状抱茎。总状花序顶生,花序轴被柔毛,萼片淡紫色,少见蒴果、矩圆形,香气特异,味淡。

2. **营养成分** 金线莲含多种营养成分,包括糖类(多糖13.326%,低聚糖11.243%,还原糖9.73%)、牛磺酸、强心苷类、脂类、生物碱、甾体、多种氨基酸、微量元素及无机元素等。经有关部门测定发现,金线莲中氨基酸组成成分及含量和抗衰老活性微量元素的含量均高于国产西洋参和野山参,牛磺酸、多糖类成分具有营养、抗衰老、调节人体机体免疫的作用。

**3. 保健与主治**　金线莲具有清热凉血、除湿解毒、平衡阴阳扶正固本、阴阳互补、生津养颜、调和气血与五脏、延年益寿等功效。入肾、心、肺3经，能全面提高人体免疫力,增强人体对疾病的抵抗力。可主治肺热咳嗽、肺结核咯血、尿血、小儿惊风、破伤风、肾炎水肿、风湿痹痛、跌打损伤、毒蛇咬伤、支气管炎、膀胱炎、糖尿病、血尿、急慢性肝炎、风湿性关节炎、肿瘤等疑难病症,兼除青春痘。同时,金线莲还具有调和五脏、保肝护肝、解酒等功效。

## (二)金线莲人工栽培技术要点

金线莲人工栽培目前主要是采用大棚栽培。生产中应选择在有林有水的山沟,以保证阴凉;有灌溉条件;冬季避风保暖,减少散热,保持湿度;交通便利的地方建棚种植。人工组培苗常年均可栽植,栽植宜浅忌深,栽后覆盖干净干燥的栽培介质,棚内温度保持20℃~30℃,并注意喷洒清水保湿。

**1. 温度**　金线莲生长发育、开花结果均要求有一定的温度,栽培环境温度过低则生长缓慢,温度高于30℃或低于15℃均不利于生长发育,低于10℃,须加设施保温。适宜温度为20℃~25℃,栽培场所温度过高时,可采取遮阴、浇水、通风措施降温,或以喷雾或使用水墙等蒸发冷却方式降温。

**2. 湿度**　空气湿度高有助于生长并可提高植株鲜重,但栽培介质过湿则易导致茎腐病,特别是在高温(28℃~32℃)高湿条件下,容易有镰刀菌感染,进而发生猝倒病,这也正是平地夏天不宜栽培金线莲的主要原因。茎腐病是金线莲目前发生最为严重的病害。

**3. 光照**　金线莲属于阴性植物,原生于森林内树下半遮阴地方。因此,适合金线莲栽培的光照度约为正常日光量的1/3,最忌夏、秋季中午左右的直射光,以免引起日灼损伤叶片。一般而言,光照强度高于 5 000 勒会使新生叶片白化,低于 1 000 勒则植株纤细徒长,生产中可用 75% 的遮阳网进行双层控制,使光照强度保持在 4 000 勒左右。海拔 1 000 米左右的地区,由于温度适宜,夏天栽培金线莲的产量几乎是平地的 2 倍,但冬天应预防寒害发生。保温设施中以隧道式荫棚保温效果较好,平地栽培若需采用此方式,荫棚架应高一些,以利通风。

**4. 栽培介质**　金线莲属地生兰,又是药用植物,所以栽培介质必须清洁。适宜的介质除了应具备良好的透气性,还需有良好的保水性,目前生产中所用介质有蛇目屑、碳化稻壳、蛭石、珍珠石、腐叶土及水苔等,可依不同的介质混合比例,来调整介质的通气性及保水性。苗株刚由瓶苗移出时最好以 2 号蛭石栽植,因蛭石系经高温处理,吸水及透气性均佳,且富含镁及钾离子,具蓄积养分之能力,还可降低无菌状态移出的苗株遭受病菌危害的机会,有助于瓶苗适应环境变化。金线莲需水而不宜积水,浇水量及次数应随植株发育状况及生长环境而调整,介质中的肥料以缓效性的有机肥为主。

**5. 繁殖方式**　在组织培养尚未被应用在金线莲上时,传统的繁殖方法为分株、扦插、种子播种,因种子收获不易且种子发芽率低,生产中大多以分株和扦插方式繁殖,但因这两种繁殖方式易受环境影响,存活率仅为 30%~70%。现在采用茎段培养繁殖,可以提早采收,出瓶栽培 10 个月(定植后 8 个月)即可采收。

**6. 种植基地选址**　根据金线莲生长特性,适宜选择在无工业污染环境、有天然洁净水源、方便喷灌、靠山边阴面处建立生产基地。

**7. 栽培管理**　金线莲生长速度慢,每个月仅长出 1~2 叶片,还要不断人工喷灌保持一定的湿度和通气等条件。一般每隔一段时间浇灌 1 次,并适量施肥和喷施抗病虫农药,以确保金线莲正常生长发育。在气候条件适宜的地区,当年种植,当年就可采收。

### （三）金线莲真伪鉴别

金线莲是取其叶脉像金色丝线交织成网状而得名"金线"，叶基部鞘状包茎形成鞘节，质厚实挺拔似莲故得名"莲"。我国台湾金线莲叶脉为白色，但药材名统称为金线莲。

市场上流通的主要有福建金线莲、台湾金线莲、滇越金线莲和广西金线莲等品种，除福建金线莲外，其他品种价格较便宜。在购买金线莲时应注意辨别，主要是看叶脉，同时观察茎。这是因为有的伪品具有金线网脉，但没有茎节和叶基鞘状抱茎，有的叶子从根的基部长出。目前市场上有各种包装，有的做假很明显，将几株正品铺在表面上，包裹在里面的全为兰科近似种或其他廉价的草药，有的全部为混合品种，几乎没有一株正品，其鉴别分以下 3 步进行。

1. **真伪鉴别**　散装金线莲，全部取出平铺于纸上；礼盒包装的，要拆开包装。将叶子摊平，先粗看，再仔细观察每株的性状，最重要的是看其是否具有细密的金(银)线叶脉形成网状，茎是否细长，叶基是否具鞘抱茎形成茎节。金线莲叶交互而生，叶缘光滑，叶表面一般为黄绿色，台湾金线莲叶表面为墨绿色，其叶背面均为暗紫红色。

2. **品种鉴别**　福建金线莲叶脉金色细密网纹，台湾金线莲则为白色、叶面为墨绿色，滇越金线莲叶很大、金色网脉粗大而稀疏。

3. **质量鉴别**　无其他杂草掺入，植株较大且完整，茎细长，叶片完整无脱落，根部无泥沙，清香气浓郁者为佳品。鲜品的特征基本相同，由于含水量高，色泽比较鲜亮，草质茎为肉质，比干品更易观察鉴别。经验鉴别口诀："金(银)网脉紫背叶，草茎细长有鞘节，清香气浓识金草"。

# 二、铁皮石斛栽培管理技术

## （一）概　述

铁皮石斛属气生兰科草本植物，是国家二级珍危保护品种。石斛的基本特征：多呈圆柱形或圆柱形的段，表面金黄色、绿黄色或棕黄色，有光泽，有深纵沟或纵棱，有的可见棕褐色的节；切面黄白色至黄褐色，有多数散在的筋脉点；气味微淡或微苦，嚼之有黏性。石斛类有50多种，其中铁皮石斛为石斛之珍品，具有独特的药用价值，尤以滋阴功效最为显著。经国家权威医药部门鉴定，铁皮石斛药用的主要有效成分为石斛多糖，该成分有显著的免疫增强活性和抗癌活性。据《神农本草经》记载，铁皮石斛"主伤中、除痹、下气、补五脏虚劳羸瘦、强阴、久服厚肠胃"。道家医学经典《道藏》将铁皮石斛列为"中华九大仙草"之首。李时珍在《本草纲目》中记载，气味：甘、平、无毒。主治：伤中，除痹下气，补五脏虚劳羸瘦，强阴益精。久服，厚肠胃。《神农本草经》记载，补内绝不足，平胃气，长肌肉，逐皮肤邪热痱气，脚膝疼冷痹弱，定志除惊。轻身延年。《名医别录》记载，益气除热，治男子腰脚软弱，健阳，逐皮肌风痹，骨中久冷，补肾益力。权壮筋骨，暖水脏，益智清气。治发热自汗，痈疽排脓内塞。

铁皮石斛含有丰富的多糖类物质，食用后在胃部产生一种保护膜，可减少酒精对胃的破坏，同时增强肝脏的代谢功能，通过体内调和将酒性化解，酒醉者较快恢复。石斛"脂膏丰富，滋阴之力最大"，铁皮石斛归经全面，容易被人体吸收，并能濡养全身，让身体各脏器运转自如，肌肤饱满润泽，气血通畅充足，经过一段时间滋养后，能让女性摆脱更年期的困扰，重新焕发青春的光彩。铁皮石斛的主要成分为石斛多糖（含量高达22.7%），并含有鼓槌菲和毛兰素2种菲类化合物,药理研究表明这2种化合物具有抗肿瘤活性,具有抑制癌细胞活性的作用,对肿瘤具有显著的预防和辅助治疗作用。因此,铁皮石斛在临床上常用于恶性肿瘤的辅助治疗,它能改善肿瘤患者的症状,减轻放化疗引起的副作用,增强免疫功能,提高生存质量。铁皮石斛具有滋阴养肝的功能,故被历代医家用做养护眼睛的佳品。现代药理实验证实,铁皮石斛对防治老年人的常见眼科疾病——白内障有很好的的作用。北京大学医学院实验结果表明,铁皮石斛不仅对半乳糖性白内障有延缓作用,而且还有一定的治疗作用。进一步的研究证实,铁皮石斛可以使白内障晶状体中的醛糖还原酶的活性明显提高,并使多种酶的活性基本恢复到正常,表明铁皮石斛对半乳糖所致的酶活性异常变化有抑制或纠正作用。石斛与人参、冬虫夏草一样属于名贵类的药材,价格较昂贵,是一味食补的好药材。

## (二)铁皮石斛繁殖

铁皮石斛繁殖方法分为有性繁殖和无性繁殖两大类,目前生产上主要采用无性繁殖方法。

**1. 有性繁殖**　即种子繁殖,石斛种子极小,每个蒴果约有20 000粒种子。种子呈黄色粉末状,通常不发芽,只有在养分充足、湿度适宜、光照适中的条件下才能萌发生长,一般需在组培室进行培养。石斛繁殖系数极高,但其有性繁殖的成功率极低。

**2. 无性繁殖**

**(1)分株繁殖**　在春季或秋季进行,以3月底或4月初铁皮石斛发芽前为好。选择长势良好、无病虫害、根系发达、萌芽多的1~2年生植株作为种株,将其连根拔起,除去枯枝和断枝,剪掉过长的须根,老根保留约3厘米长,按茎数的多少分成若干丛,每丛有茎4~5枝,即可作为种茎。

**(2)扦插繁殖**　在春季或夏季进行,以5~6月份为好。选取

3年生生长健壮的植株,取其饱满圆润的茎段,每段保留4~5个节,段长15~25厘米。插于蛭石或河沙中,深度以茎不倒为度,待其茎上腋芽萌发、长出白色气生根,即可移栽。选材时,一般以上部茎段为主,这是因为其具顶端优势,成活率高,萌芽数多,生长发育快。

**(3)高芽繁殖**　多在春季或夏季进行,以夏季为主。3年生以上的石斛植株,每年茎上都要萌发腋芽(也叫高芽),并长出气生根,成为小苗,当其长至5~7厘米时,即可将其割下进行移栽。

**(4)离体组织培养繁殖**　铁皮石斛也可采用下述方法组培快繁试管苗。将铁皮石斛的叶片、嫩茎、根茎进行常规消毒后,切成0.5~1厘米作外植体,采用MS和B5作为基本培养基,并分别添加植物生长调节剂萘乙酸(NAA)0.05~1.5毫克/升、吲哚乙酸(IAA)0.2~1毫克/升、6-苄基氨基嘌呤(6-BA)1~5毫克/升等,制作不同组合的多种培养基。培养基pH值5.6~6,在培养温度25℃~28℃、每天光照9~10小时、光照强度1800~1900勒条件下进行组织培养。约19天后茎叶处出现小芽点,1个月后小芽伸长、尖端分叉,2个月后小芽长成高2~2.7厘米、具4~8片叶的试管苗。

### (三)大棚苗床人工种植技术要点

1. **选址**　①地块平整较好(小幅度的山坡地也可以),大环境无污染,常年日光充足,空气流动较好;避开大风口、易发生水灾和滑坡的地块。②水源无污染,取水比较方便。③具备生活设施,可以日常管理和看护。④整体环境安全,可以封闭管理。

2. **培植**　栽培铁皮石斛的大棚一般选用钢管作支架,这样可使用10~15年;如果选用竹木作支架,一次性投资少,但3年后需要更换。

**(1)栽培基质**　选用阔叶树木的树皮或木碎作基质,透气保湿性好,还可为石斛提供一定的营养成分;锯末、刨花易稳定种苗,但耐用时间短、易黏结。

第一,以红砖、石头等颗粒性植材为栽培基质的试验,满足了石斛气生生长的条件,能较好地保障植株成活和萌发新苗。但保水保肥力差,新根萌发较少,根系发育较差,根系长度一般不超过10厘米,只有在精细管理条件下才能获得一定产量。

第二,以锯末为基质无土栽培石斛的方法,由于锯末疏松、通水透气性好、保水保肥力强、小环境内的空气湿度能较好地得到保持和调节,其根系发达,长势强健,侧根多,植株生长旺盛,适应了石斛生长对环境条件的特殊要求。

第三,锯末为基质施营养液无土栽培石斛的方法,简化了石斛对生长环境条件近于苛刻的要求。只要认真施肥,适当遮阴,控制过量雨水,选择适宜石斛生长的温度和光照等环境条件,进行科学管理,便能获得稳产高产。

**(2)附主选择**

第一,石斛为附生植物,附主对其生长影响较大。石斛是靠裸露在外的气生根在空气中吸收养分和水分,粮食和其他作物的载体是土壤,石斛的载体是岩石、砾石或树干,即石斛的附主既可以是岩石、砾石,也可以是树干等。

第二,石斛附主(生产地)若选择岩石或砾石,则应选砂质岩石或石壁或乱石头(有药农称之为"石旮旯")之处,并要求相对集中、有一定的面积,而且应阴暗湿润,岩石上生长有苔藓(有药农称之为"地简皮"),周围有阔叶树遮阴。

第三,若选择树干为附主,则应选树冠浓密、叶草质或蜡质、树皮厚而多纵沟纹、含水分多并常有苔藓植物生长的阔叶树种。

第四,若选择荫棚栽培石斛,则应选在较阴湿的树林下,用砖或石砌成高15厘米的高厢,将腐殖土、细沙和碎石拌匀填入厢内,平整后,厢面上搭100～120厘米高的荫棚进行石斛生产。

石斛通常附生于岩石或树干上,对生长环境有特殊的要求,用地栽方法是不能成活的。如果把石斛栽培于大树干上或石缝中,需3~5年才能旺盛生长,见效缓慢。因此,研究石斛驯化栽培技术,筛选适合石斛生长的基质,对石斛资源恢复相当重要。若将生长在大树干上或岩石、石壁、石缝及石砾等环境中的石斛移植到地面驯化栽培,必须具备其适宜的栽培基质。经实验研究,现已对8种石斛人工栽培基质进行了比较筛选,结果表明锯木屑和石灰岩颗粒是最优的栽培材料,为石斛新附主选择、发展石斛生产开拓了新路。石斛试验苗栽培所用基质为:①洋松的锯木屑;②木质中药渣;③直径1厘米以下的石灰岩颗粒;④5厘米以下的砂页岩石碎块;⑤石灰岩颗粒加锯木屑;⑥河沙;⑦碎砖块加锯木屑;⑧稻壳。试验方法与处理:用高约20厘米的旧木箱和砖块切成大小1 200~1 330厘米²的方格,内装试验处理的各种基质,于3月初各栽种石斛苗1千克。设重复3次(稻谷壳处理重复2次)。管理方法:主要在4~9月份每15天洒施1次含有氮、磷、钾、钙、镁、硫、铁、钠、锰、铜、钼等元素的复合营养液。11月份连根拔出,抖掉根部基质后测定产量,并观察和分析生长情况。结果表明,各栽培基质处理存在着显著差异,与锯木屑栽培的做比较,除石灰岩颗粒、石灰岩颗粒加锯木屑2个处理外,都存在着显著差异。锯木屑栽培的石斛一直生长旺盛;石灰岩颗粒及其加锯木屑的2个处理也较好;木质中药渣栽培的石斛前期生长较好,但后来随着中药渣的腐烂,出现生长停滞、根系腐烂;砂页岩碎块基质的石斛根系生长较缓慢,是造成产量低的原因;其他基质栽培的石斛则一直处于生长不良状况。

　　石斛驯化栽培首要条件是提供根系良好生长的环境。锯木屑因疏松透气,又能保持水分及养分,适合根系生长的要求。石灰岩颗粒加适量锯木屑或单纯的石灰岩颗粒也不失为石斛栽培的较好基质,特别是在长江流域禁伐区,锯木屑来源有限,石灰岩颗粒则是石斛栽培的良好材料。另外,稻壳虽与锯木屑差异不大且易得,但其实际保水能力极差;河沙栽培石斛也很难长根,均不宜作栽培基质。

3. **选地整地**　栽种石斛前先进行地块整理,其基本要求是在大块岩石上栽种石斛时,应在石面上用钻子按株行距 30 厘米×40 厘米打窝,窝深 5～10 厘米。打的石花放在石面上(留着压根之用),在石面较低的一方打 1 个小出水口,以防积水引起基部腐烂,打窝时应保护好石面上其他部位的苔藓;在小砾石上栽种石斛时,将地内杂草、杂枝除去,预留好遮阴树,将过多过密的小杂树清除,以利增加透光程度和太阳的斜晒力度。

4. **栽培管理**

(1)**移栽第二天**　由于刚栽种完的小苗抵抗能力较弱,应加以保护和补充相应的营养物质。移栽后第二天可用石斛平衡液 15 毫升+巨丰 1 号营养配方混合兑水 15 升喷施,既可增强小苗的抵抗力,又可起到杀菌保护作用。此时基质相对含水量控制在 50%～60%,棚内遮阴度控制在 80%以上,温度保持 18℃～25℃,空气相对湿度保持 75%左右。

(2)**移栽 1 周(7 天)**　移栽后 1 周左右时,小苗还未长出新根系,但已能表现出是否成活,可用石斛平衡液 15 毫升+巨丰 1 号营养配方混合兑水 15 升通过叶面喷施进行营养补给。基质相对含水量控制在 50%～60%,棚内遮阴度控制在 80%左右,温度保持 18℃～25℃,空气相对湿度保持 75%左右。

(3)**移栽 15 天**　此时小苗开始发生新根和新芽,可用石斛平衡液 15 毫升+巨丰 2 号营养配方混合兑水 15 升进行叶面喷施,连续喷施 2 次,间隔 7 天,促进生根和发芽。基质相对含水量控制在 50%～60%,棚内遮阴度控制在 80%左右,温度保持 18℃～25℃,空气相对湿度保持 70%左右。

（4）**移栽1个月**  移栽后1个月,小苗叶片逐渐增厚,颜色相对较深,说明小苗已经成活,适应了外界的环境,可用巨丰3号营养配方+石斛细胞平衡液15毫升混合兑水15升均匀喷施叶片正反面。基质相对含水量控制在50%~60%,棚内遮阴度调至70%左右,温度保持18℃~25℃,空气相对湿度保持70%左右。

（5）**移栽2~6个月**  此期为石斛幼苗生长期,需要严格控制水分和营养,基质相对含水量控制在60%左右,棚内遮阴度可调至70%左右,温度保持18℃~25℃,空气相对湿度保持70%左右。可用巨丰3号营养配方+石斛细胞平衡液15毫升混合兑水15升均匀喷施叶片正反面,每7天喷1次,1个月后再用石斛有机液15毫升+巨丰3号营养配方兑水15升喷施,二者轮换使用。同时,新芽长至2~3厘米时可进行根部的营养补充,可用石斛壮根多30克+巨丰4号营养配方兑水15升灌根,灌根应在基质含水量为20%以下时进行,有利于根部营养的吸收,每个月可灌根1次。

（6）**移栽6~12个月**  此期为石斛生长的旺盛时期,需要大量的水分和营养补给,基质相对含水量应达到60%以上,棚内遮阴度可调至60%~70%,温度范围可放宽到15℃~30℃,空气相对湿度保持80%以上。叶面营养供给以平衡肥料为主,可用巨丰5号营养配方+石斛高肽有机液20毫升混合兑水15升喷施叶片正反面,每7天喷1次。同时,每个月进行根部营养补给,可用石斛壮根多50克+巨丰4号营养配方混合兑水15升灌根,应在基质含水量为20%以下时进行灌根。

（7）**移栽12~16个月**  此期为铁皮石斛的营养合成期,基质相对含水量可提高至60%以上,冬季要适当减少水分,棚内遮阴度调至60%~70%,温度15℃~30℃,空气相对湿度保持80%以上。此期叶面营养以高钾为主,以提高铁皮石斛鲜条的品质,可用巨丰6号营养配方+石斛茎秆强壮剂20毫升混合兑水15升喷施叶片正反面,每 7 天喷 1 次;同时,每月喷施 1 次防寒配方。此期会有第二代新芽发出,每个月还需进行根部营养补充,可用石斛壮根多 50 克+4 号营养配方兑水 15 升灌根,在增加老条品质的同时补给新芽适当的营养。

(8)移栽 17~18 个月　此期为铁皮石斛收获期,这 2 个月必须停肥停药。待每丛发出 3~4 个新芽且高度在 5 厘米左右时即可采收。采收时注意保留最少 3 节(从根部算起),以便提供新芽的营养。剪条注意:长达 12 厘米以上的条可剪,从根茎处 3 节剪起,其余的条子为二代芽提供养分。如果全部剪去,会影响第二茬的产量和质量,严重时会导致整株铁皮石斛母体提前退化或死亡。采收后当天或第二天应进行消毒杀菌,可用巨丰采后消毒配方混合兑水 15 升喷施剪切处有创口的部位。

5. 第二茬管理　时间一般为 3 月份至翌年 3 月份。

(1)初期营养　时间为 3~6 月份。采收消毒杀菌完成 7 天后喷施叶面肥,目的是促芽生长、壮叶壮梢、促进叶绿素合成,可用巨丰 3 号营养配方+石斛细胞平衡液 15 毫升混合兑水 15 升均匀喷施到叶片正反面,每 7 天喷施 1 次,直至此周期结束。发出新芽的高度达到 2~3 厘米,在基质较干燥、天气较晴朗、光照不太强时用灌根配方进行灌根,灌根后 4 天方可继续叶面喷肥。

(2)生长期营养　此期时间为 7~9 月份。喷施叶面肥主要目的是平衡石斛的营养需求,让其叶片、茎秆、根部得到均衡生长,可喷施生长期营养配方,每间隔 10 天喷 1 次,直到此周期结束。在基质较干燥、天气较晴朗、光照不太强时进行灌根,而且要求与第一次灌根间隔时间不超过 2 个月,可施用灌根配方。灌根 4 天后方可继续用生长期营养配方喷施。

(3)营养合成期营养　此期时间为 10~11 月份。叶面喷肥主要目的是合成营养成分,改善品质,提高产量,可用营养合成期营养配方,每间隔 7~10 天喷 1 次,循环使用至此周期结束,每月使用防冻配方 1 次。在基质较干燥、天气较晴朗、光照不太强时用灌根配方进行灌根,最迟在 11 月中旬完成最后 1 次根部营养补充。

**(4)采收期**　此期时间为春节后、春芽发出 3～5 厘米时,可采收老条。

### (四)病虫害防治

**1. 主要病害及防治**

**(1)春季**　气温开始回暖,各种病菌会随着气温的升高而开始繁殖滋生,所以春季要及时防治病害。此期主要病害有疫病、炭疽病、病毒病等。

①疫病　使用巨丰 1 号防病配方兑水 15 升对叶片正反面喷施进行预防,每 10～15 天喷 1 次,共喷 1～2 次。发病后用巨丰 1 号治疗配方兑水 15 升喷施叶片正反面进行治疗,每 7～10 天喷 1 次,连喷 2～3 次。

②炭疽病　用巨丰 2 号防病配方兑水 15 升对叶片正反面喷施进行预防,每 10～15 天喷 1 次,连喷 1～2 次。发病后使用巨丰 2 号治疗配方兑水 15 升对叶片正反面喷施进行治疗,每 7～10 天喷 1 次,连喷 2～3 次。

③病毒病　用巨丰 3 号防病配方兑水 15 升对叶片正反面喷施进行预防,每 10～15 天喷 1 次,连喷 1～2 次。发病后用巨丰 3 号治疗配方兑水 15 升进行叶片正反面喷施进行治疗,每 7～10 天喷 1 次,连喷 2～3 次。

**(2)夏季**　气温骤升,湿度也是一年中最大的时候,高温高湿是各种病菌滋生的良好环境,是病害最容易暴发的季节,应采取防范措施。主要病害有疫病、炭疽病、叶斑病、软腐病、基腐病、根腐病等。

①疫病　用巨丰 1 号防病配方兑水 15 升对叶片正反面喷施进行预防,每 10～15 天喷 1 次,连喷 1～2 次。发病后用巨丰 1 号

治疗配方兑水 15 升进行叶片正反面喷施进行治疗,每 7~10 天喷 1 次,连喷 2~3 次。

②炭疽病、叶斑病  用巨丰 2 号防病配方兑水 15 升对叶片正反面喷施进行预防,每 10~15 天喷 1 次,连喷 1~2 次。发病后用巨丰 2 号治疗配方兑水 15 升对叶片正反面喷施进行治疗,每 7~10 天喷 1 次,连喷 2~3 次。

③软腐病  用巨丰 4 号防病配方兑水 15 升对叶片正反面喷施进行预防,每 10~15 天喷 1 次,连喷 1~2 次。发病后用巨丰 4 号治疗配方兑水 15 升进行灌根治疗,每 7~10 天 1 次,连喷 2~3 次。

④基腐病、根腐病  用巨丰 5 号防病配方兑水 15 升对叶片正反面喷施进行预防,每 10~15 天喷 1 次,连喷 1~2 次。发病后用巨丰 5 号治疗配方兑水 15 升进行灌根治疗,每 7~10 天 1 次,连喷 2~3 次。

**(3)秋季**  气温开始下降,湿度也略有降低,但是这并不影响大多数病菌的繁殖和生存,因此秋季也是重要的防病阶段,不可掉以轻心。主要病害有炭疽病、叶斑病、软腐病、基腐病、根腐病等。

①炭疽病、叶斑病  用巨丰 2 号防病配方兑水 15 升对叶片正反面喷施进行预防,每 10~15 天喷 1 次,连喷 1~2 次。发病后用巨丰 2 号治疗配方兑水 15 升对叶片正反面喷施进行治疗,每 7~10 天 1 次,连喷 2~3 次。

②软腐病  用巨丰 4 号防病配方兑水 15 升对叶片正反面喷施进行预防,每 10~15 天 1 次,连续 1~2 次。发病后用巨丰 4 号治疗配方兑水 15 升对叶片正反面喷施进行治疗,每 7~10 天 1 次,连喷 2~3 次。

③基腐病、根腐病  用巨丰 5 号防病配方兑水 15 升对叶片正反面喷施进行预防,每 10~15 天 1 次,连喷 1~2 次。发病后用巨丰 5 号治疗配方兑水 15 升对叶片正反面喷施进行治疗,每 7~10

天 1 次,连喷 2~3 次。

**(4)冬季** 气温大幅降低,湿度也是一年中最低的时候,很多病菌不易产生,极少的病菌会存在造成病害,因此该时期对病害以预防为主,同时采取防寒措施。主要病害有病毒病、疫病、冷伤冻害等。

①病毒病 用巨丰 3 号防病配方兑水 15 升对叶片正反面喷施进行预防,每 10 ~ 15 天 1 次,连喷 1 ~ 2 次。发病后用巨丰 3 号治疗配方兑水 15 升对叶片正反面喷施进行治疗,每 7 ~ 10 天 1 次,连喷 2 ~ 3 次。

②疫病 用巨丰 1 号防病配方兑水 15 升对叶片正反面喷施进行预防,每 10 ~ 15 天 1 次,连喷 1 ~ 2 次。发病后用巨丰 1 号治疗配方兑水 15 升对叶片正反面喷施进行治疗,每 7 ~ 10 天 1 次,连喷 2 ~ 3 次。

③冷伤冻害 用巨丰 6 号防病配方兑水 15 升对叶片正反面喷施进行预防,每 10 ~ 15 天 1 次,连喷 1 ~ 2 次。发病后用巨丰 6 号治疗配方兑水 15 升对叶片正反面喷施进行治疗,每 7 ~ 10 天 1 次,连喷 2 ~ 3 次。

**2. 主要虫害及防治**

**(1)春季** 气温回暖,各种虫类会随着气温的升高停止休眠而孵化成长,要采取防虫措施。主要害虫有蜗牛(软体动物)、蚜虫、蓟马、蝶类幼虫、蟥类等。

①蜗牛 用巨丰 1 号防虫治虫配方,将药物均匀施于苗床进行防治,每 10 ~ 15 天施药 1 次。

②蚜虫、蓟马 用巨丰 2 号防虫治虫配方兑水 15 升对叶片正反面喷施进行防治,每 10 ~ 15 天 1 次,连喷 1 ~ 2 次。

③蝶类幼虫、蟥类 用巨丰 3 号防虫治虫配方兑水 15 升对叶片正反面喷施进行防治,每 10 ~ 15 天 1 次,连喷 1 ~ 2 次。

**(2)夏季** 随着气温的骤升,植被茂盛,给各种虫类提供了较好的繁殖和采食场所,是虫害比较集中暴发的季节,所以夏季是整个生长期中最重要的防虫时期。主要害虫有蜗牛(软体动物)、蛾类幼虫、蝶类幼虫、金龟子、螨虫类。

①蜗牛 用巨丰1号防虫治虫配方,将药物均匀施于苗床防治,每10~15天1次,连喷1~2次。

②蛾类、蝶类幼虫及金龟子 用巨丰3号防虫治虫配方兑水15升对叶片正反面喷施进行防治,每10~15天1次,连喷1~2次。

③螨虫类 用巨丰4号防虫治虫配方兑水15升对叶片正反面喷施进行防治,每10~15天1次,连喷1~2次。

**(3)秋季** 随着气温下降,一部分害虫慢慢进入产卵期,一部分虫继续繁殖和生存,所以秋季也是比较重要的防虫阶段,不可掉以轻心。主要害虫有蜗牛、蛾类幼虫、螨虫类等。

①蜗牛 用巨丰1号防虫治虫配方,将药物均匀施于苗床防治,每10~15天1次,连喷1~2次。

②蛾类幼虫 用巨丰3号防虫治虫配方兑水15升对叶片正反面喷施进行防治,每10~15天1次,连喷1~2次。

③螨虫类 用巨丰4号防虫治虫配方兑水15升对叶片正反面喷施进行防治,每10~15天1次,连喷1~2次。

**(4)冬季** 大多数虫类已进入休眠期,只有少数虫类活动,所以这个时期虫害相对较少,预防虫害是冬季管理的重点。主要害虫有蚜虫、蓟马等,用巨丰2号防虫治虫配方兑水15升对叶片正反面喷施进行防治,每10~15天1次,连喷1~2次。

# 三、泽泻栽培管理技术

## (一)概　述

泽泻又名建泻、水泻、宅夕,属草本植物,生于沼泽地,有利水、利尿、消肿、泻肾火等功效。据明代弘治 6 年(1493)《建宁府志》载:"泽泻,瓯宁产。",《闽产异录》载:"泽泻产建宁府……药称建泽泻,以建安、瓯宁为道地。"。瓯宁(今建瓯)产泽泻已有 400~500 年历史,清光绪三十年(1904),产量估约 2 500 吨,仅吉阳乡就年产 2 000 吨,销往东南亚、朝鲜、日本及我国香港地区,年收入 40万~50 万银元,吉阳因此有"泽泻之乡"之称。泽泻圆心粒大,双花少,实有芋纹,干品两相互击有声,研粉洁、匀,味甘,药效强。

## (二)栽培技术要点

1. **选地整地**　育苗地应选阳光充足、土层深厚肥沃略带黏性、排灌方便的田块。育苗田播种前几天放干水,耕翻后,每 667米$^2$ 施腐熟堆肥 3 000 千克,耙匀,做宽 1~1.2 米的畦即可播种。

2. **繁殖方法**　用种子繁殖,育苗移栽。

(1)**育苗**　泽泻宜在 7 月份小暑至大暑间播种,每 667 米$^2$ 苗床用种量为 1.5~2 千克。播前将选好的种子用纱布包好,用 30℃温水浸种 12 小时,捞出沥干水分。按 1 份种子、10 份草木灰的比例拌均匀,在整好的苗床上均匀撒播,然后用竹扫帚轻轻拍打,使种子与泥土贴实。播种后,立即插蕨草或搭遮阳棚,棚高 45~50厘米,荫蔽度 50%~60%,3 天后幼芽出土。苗期需湿润畦面,可采取晚灌早排的方法,水以淹没畦面为宜。苗高 2 厘米左右时,水浸1~2 小时后立即排水,随着秧苗的生长,水深可逐渐增加,但不得淹没苗尖。当苗高 3~4 厘米时,即可进行间苗,拔除稠密的弱苗,株距保持 2~3 厘米,并将荫蔽物拔除。结合间苗除草施肥 2 次,第一次每 667 米² 施充分腐熟有机水肥 1 000 千克,第二次肥在第一次施肥后 10 天进行,每 667 米² 施充分腐熟有机水肥 1 500 千克。施肥前先排干水,待肥液渗入土后再灌 1 次浅水。经过 30~40 天幼苗便可移植。

(2)**移栽**　冬种泽泻宜在 10 月中旬至 11 月上旬移栽。当苗高 15 厘米以上、具有 6~8 片真叶时即可移栽,每 667 米² 栽苗 10 000~11 000 株。幼苗浅栽、入泥 2~3 厘米深,注意栽直、栽稳,定植后勤灌,田间保持浅水。

3. **田间管理**　第一次追肥在栽后 15 天左右进行,可用人粪尿、饼肥等混合施用。以后每隔 15 天左右追肥 1 次,施肥量可逐渐减少,田内保持 3~5 厘米浅水。11 月下旬排干田水,以利收获。抽薹的植株要及时打薹,可从茎基部摘除。

4. **病虫害防治**

(1)**白斑病**　危害叶、叶柄,产生红褐色病斑,10~11 月份发病严重,发现病叶立即摘除。防治方法:播种前用 40% 甲醛 80 倍液浸种 5 分钟,洗净晾干待播。并用 50% 硫菌灵可湿性粉剂 500~600 倍液,或 1:1:100 波尔多液喷雾防治。

(2)**蚜虫**　9~10 月份多发生蚜虫,危害叶柄和嫩茎。防治方法:用 40% 乐果乳油 1 000~1 500 倍液喷杀。

(3)**银纹夜蛾**　以幼虫咬食叶片,8~9 月份危害严重。防治方法:发生时用 90% 晶体敌百虫 1 000 倍液,或 80% 敌敌畏乳油 1 000 倍液喷杀。也可人工捕捉,方法是在簸箕内放入卵石,振动泽泻叶,把虫振落簸箕内,然后滚动卵石碾死幼虫。

## (三)采收与加工

1. **采收**　移植后 120~140 天即可收获。秋种泽泻在 11~12 月份叶片枯萎后采收,冬种泽泻则在翌年 2 月份、新叶未长出前采收。采收时用镰刀划开块茎周围的泥土,用手拔出块茎,再去除泥土及周围叶片,注意保留中心小叶。

2. 加工　采收后先晒 1~2 天,然后用火烘焙。第一天火力要大,第二天火力可稍小,每隔 1 天翻动 1 次,第三天取出放在撞笼内撞去须根及表皮。然后用炭火焙,焙后再撞,直至须根和表皮去净且相撞时发出清脆声即可,折干率约为 4∶1。以个头大、黄白色、光滑粉性足者为佳。

3. 留种　将块茎移栽于肥沃的留种田内,翌年春出苗后摘除侧芽,留主芽抽薹开花结果,6 月下旬果实成熟,即可脱粒阴干。当年即可播种。

# 四、银杏栽培管理技术

## (一)概　述

银杏别名白果、白果树、公孙树、飞蛾叶、鸭脚子,属裸子植物门银杏科。银杏仁营养丰富,据分析,含淀粉 62.4%、蔗糖 5.2%、蛋白质 11.3%、脂肪 2.6%,可以少量炒食或作甜食,但由于果仁含有氢氰酸成分不宜多食。银杏以叶和种仁入药,有润肺、定喘、涩精、止带等作用,叶微苦、平,活血止痛。种子主治支气管哮喘、慢性气管炎、肺结核、尿频、遗精、白带,外敷治疗疮。叶主治冠状动脉硬性心脏病、心绞痛、血清胆固醇过高症(银杏液药剂)、痢疾、象皮肿。

银杏树为落叶高大乔木,高达 30~40 米,全株无毛,直立,幼树皮淡灰色,老时黄褐色、纵裂。雌雄异株,雌株的大枝开展,雄株的大枝向上伸;枝有长枝(淡黄褐色)和短枝(灰色)之分。叶具长柄,簇生于短枝顶端或螺旋状散生于长枝上,叶片扇形,上缘浅波状,有时中央浅裂或深裂,具多数 2 叉状并列的细脉。4~5 月份开花,花单性异株,稀有同株;球花生于短枝叶腋或胞腋,雄球花为荑荑花序状;雌球花具长梗,梗端 2 叉(稀不分叉或 3~5 叉)。种子核果状,近球形或椭圆形;外种皮肉质,被白粉,熟时淡黄色或橙黄色,状如小杏,有臭气;中种皮骨质,白色,具 2~3 棱;内种皮膜质;胚乳丰富,子叶 2 枚。性喜温暖湿润气候、向阳、肥沃的沙质壤土,比较耐寒和耐旱。

## (二)栽培技术要点

1. **选地整地** 银杏属深根性植物,生长年限很长,人工栽植时地势、地形、土质、气候都要具备良好的条件。应选择地势高燥,日照时间长,阳光充足,土层深厚,排水良好,疏松肥沃的壤土、黄松土、沙质壤土。其中,酸性和中性壤土,生长茂盛,长势好,可提前成林。银杏雌雄异株,授粉才能结果。地选好后,做宽 120 厘米、高 25 厘米的龟背形畦,畦面中间稍高,四边略低,周围开排水沟,旱堵水沟,涝排水,并且还要有水利配套设备。

2. **繁殖方法**

(1)**分株繁殖** 2~3 月份,从壮龄雌株母树根蘖苗中分离 4~5 株、高 100 厘米左右的健壮根苗,移栽定植至林地。栽前要整地施基肥,栽植时入土深度要适当,不能过深或过浅,移栽后若不过分干旱可不浇水。

(2)**扦插繁殖** 夏季,从结果树上选采当年生的短技,剪成长 7~10 厘米的段,下切口削成马耳状斜面,基部浸水 2 小时,然后扦插在蛭石沙床上,间歇喷雾水,30 天左右大部分插穗可以生根。

(3)**嫁接繁殖** 以盛果期健壮枝条为接穗,用劈接法嫁接在实生苗上。

3. **移栽** 移栽按时间分春、秋两季。每 667 米$^2$ 栽苗 35 株,搭配 5% 雄株。挖穴栽植,穴深 50 厘米。栽植时把穴底挖松 15 厘米,有机肥和磷肥混合后充分腐熟,每公顷施用 300 千克。上面覆土 10 厘米厚,把苗放在穴内栽植,栽稳、踏实并轻轻提苗,使根舒展开,栽后浇定根水。

4. 田间管理

(1)**中耕除草与施肥** 刚移栽的银杏地可间套种草决明、紫苏、荆芥、防风、柴胡、桔梗等中草药及豆类、薯类等矮秆作物。可结合中耕除草进行追肥,树冠郁闭前每年施肥 3 次,即春施催芽肥、初夏施壮枝肥、冬施保苗肥,氮、磷、钾肥配合施用。每次均在树冠下挖放射状穴或环状沟,把肥料施入后覆土、浇水。从开花开始至结果期,每隔 1 个月进行根外追肥 1 次,可追施 0.5%尿素+0.3%磷酸二氢钾混合肥液,在阴天或晚上喷施枝、叶片,如果喷后遇到雨天,应重新喷。

(2)**人工授粉** 银杏属于雌雄异株,授粉借助于风和昆虫来完成。为了提高银杏坐果率,需要进行人工授粉,其方法是采集雄花枝,挂在未开花前的雌株上,借风和昆虫传播授粉。

(3)**修剪整枝** 为了使植株生长发育快,每年应剪去根部萌蘖和一些病株、枯枝、细枝、弱枝、重叠枝、伤残枝,直立性枝条在夏天摘心、掰芽,使养分集中在多分枝上,促进植株生长。

5. 病虫害防治

(1)**苗木茎腐病** 土壤带菌传播。夏季苗木茎基受伤时,病菌入侵。初始茎基变褐、皱缩,发展后内皮腐烂、叶片失绿。防治方法:①基肥施足量的厩肥或棉籽饼。②高温干旱时搭棚遮阴、灌水,降低地温。③及时清除病菌。

(2)**樟蚕** 该虫是银杏树的主要害虫。防治方法:①冬季刮除树皮,除虫卵。② 6~7 月份人工摘除虫蛹。③用90%晶体敌百虫 1 000 倍液喷杀刚孵化的幼虫。

# 五、厚朴栽培管理技术

## (一)概　述

厚朴,以干燥的树皮、根皮、花蕾入药,是一种重要的常用中药材。其品质特征是皮宽面厚,有鳞皱,颜色紫褐发亮,质韧脆、油润,外形齐整美观,深受客户欢迎。皮可温中理气、化湿消积,为"平胃散"之调中要药;花可理气开胸膈,治疗感冒咳嗽,胸闷不适。花及果实也可入药,具理气、化湿功能。

## (二)形态特征与生长习性

1. **形态特征**　厚朴为落叶乔木,树高15~20米。树干通直,树皮灰棕色,具纵裂纹,内皮紫褐色或暗褐色。顶芽大,小枝具环状托叶痕。单叶互生于枝顶端,叶片椭圆状倒卵形,叶缘微波状,叶背面有毛及白粉;叶柄较粗。花大、白色,与叶同时开放,单生枝顶;花被9~10片,肉质;雄蕊多数,螺旋排列;心皮多数,螺旋排列于花托上。聚合蓇葖果,圆柱状椭圆形或卵状椭圆形。种子红色,三角状倒卵形。花期为4~5月份,果熟期为10~11月份。凹叶厚朴为乔木或灌木,叶片倒卵形,先端2个圆裂,裂深可达2~3.5厘米。花期为3~4月份,果熟期为9~11月份。

2. **生长习性**　厚朴喜凉爽、湿润气候,高温不利于生长发育,宜在海拔800~1 800米的山区生长。凹叶厚朴喜温暖、湿润气候,一般在海拔600米以下的地方栽培。厚朴为山地特有树种,耐寒,为阳性树种,但幼苗怕强光。同时,又是生长缓慢的树种,1年生苗高30~40厘米,幼树生长较快。厚朴10年生以下很少萌蘖,凹叶厚朴则萌蘖较多,特别是主干折断后会形成灌木。

厚朴树龄8年以上才能开花结果,凹叶厚朴生长较快、5年以上就能进入生育期。种子干燥后显著降低发芽能力,低温层积 5 天左右能有效地解除休眠,种子发芽适温为 20℃~25℃。

### (三)栽培技术要点

1. **选地整地**　厚朴为阳性树种,阳光充足的山坡地宜生长,应选海拔 600~1 500 米、比较凉爽湿润的山地,以土层较深厚、肥沃、疏松、排水良好、腐殖质含量较丰富的沙壤土、腐殖土为好,山地黄壤土、红黄壤土也可种植,黏重、排水不良的土壤不宜种植。育苗地应选向阳、高燥、微酸性而肥沃的沙壤土,其次为黄壤土和轻黏土。选地后进行深翻整平,按株行距 3 米×4 米或 3 米×3 米开穴,穴深 40 厘米,50 厘米见方。施足基肥,翻耕耙细整平,每 667 米² 可施厩肥 2 500 千克,根据地形进行整地。一般通过挖鱼鳞坑或带状梯田进行山坡整地种植。但育苗地可选择低海拔的坡地或平地,施足有机肥,深翻 30 厘米,耙细整平后做宽 1.2~1.5 米的高畦作为苗床。

2. **繁殖方法**　主要采用种子繁殖,也可采用压条和扦插繁殖。

(1)**种子繁殖**　选择 15 年生以上健壮母树采种。在 4 月份初花时,每株留少数花,其余的花均采摘入药。10 月中下旬当果皮微裂露出红色种子时,采下果实,选择果大、种子饱满无病虫害的留种。采集时连同聚合果采下,放在通风处,取出种子,每千克果实含 3 000~3 200 粒种子,趁鲜播种,或用湿沙贮存至翌年春季播种,也可把种子贮于干燥处,以备播种用。厚朴种子可不经沙藏直接播种,也可用湿沙低温贮藏于翌年 2~3 月份播种。厚朴种子外皮具有丰富的油脂质,对种子有保护作用,但在种子萌发时妨碍吸水,一般播种前需进行种子处理。种子处理方法:①浸种 48 小时后,用沙搓去种子表面的蜡质层;②浸种 24~48 小时,盛于竹箩内在水中用脚踩去蜡质层;③浓茶水浸种 24~48 小时,搓去蜡质层。厚朴种子发芽率一般为 70%~80%,最高可达 90%。种子经脱脂处理后,在雨季前进行播种。一般采用条播,按行距 30 厘米、粒距 5~7 厘米、深 5 厘米,将种子均匀播于沟内,覆细土 3~4 厘米厚,然后镇压、浇水湿润,最后盖草。也可采用撒播方式。每 667 米² 撒播时用种子 15~20 千克,条播时每 667 米² 用种子 12~15 千克。一般 3~4 月份出苗,当年苗高可达 30~45 厘米,2 年生苗高 1 米左右时,于秋季落叶后或翌年早春萌芽前进行移植,即 10~11 月份落叶后或翌年 2~3 月份萌芽前移植。移植时按株距 2.5~3 米挖穴,穴直径 60 厘米、深 60~80 厘米,每穴栽 1 株,将根系全部埋入土中为度,要求根系伸展,栽后覆土压紧并浇水,最后盖一层疏松细土。

（2）分株繁殖　在种子缺少地方,可采取砍伐留桩萌条法。在采剥树皮季节,可将剥皮后的树干从地面处砍伐,树桩用细土堆盖,当年可从树基部萌发出 4~6 个、高达 50 厘米的枝条。翌年春用利斧将新株砍离母株,注意枝条下部必须连带少许老桩上的树皮,以保持营养来源。然后用细土原地堆壅,新株伤部即可长出新根,当年秋季即可移栽。

（3）压条繁殖　在 10 年生左右的植株上,选近地面 1~2 年生优良枝条,11 月上旬或翌年 2 月份选择生长 10 年以上成年树的萌蘖,横割断蘖茎一半,向切口相反方向弯曲,使茎纵裂,在裂缝中央夹一小石块,培土覆盖。翌年春发芽并发生多条根后割下定植,当苗高 30~40 厘米时即可栽植。

另外,还可在早春挖取老树基部萌生、带有须根的苗,将其与地面呈 15°角斜栽,茎仍露出地面,不久茎基可抽生一直立侧茎,主茎长势逐渐变弱,最终干枯,侧茎生长旺盛,当年可达 130 厘米高。

（4）扦插繁殖　2 月份选径粗 1 厘米左右的 1~2 年生枝条,剪成长约 20 厘米的插条,插于苗床中。苗期管理同种子繁殖,翌年移栽。

3. **田间管理** 种子繁殖的出苗后,需经常拔除杂草,并搭棚遮阴。每年追肥1~2次,多雨季节要防积水以防烂根。定植后,每年中耕除草2次,林地郁闭后一般仅冬季中耕除草,培土5次。结合中耕除草进行追肥,肥源以农家肥为主,幼树期除需压条繁殖外,还应剪除萌蘖,以保证主干挺直、快长。

**(1)浇水抗旱** 厚朴抗寒、抗热性强,但怕干旱。育苗期,夏季高温干旱时应均匀浇水,保持土壤湿润,以利发芽,并用草覆盖保墒。对移栽后的苗若遇到干旱,应抗旱保苗,确保成活率。

**(2)除草施肥** 播种当年因幼苗细小,宜将地内杂草用手拔除,保持地无杂草。待苗高达6~8厘米时追肥1次,春季出苗时清除地内残叶杂物,并进行松土除草,每次松土除草后结合施1次肥。对已造林的厚朴在未郁闭前,每年春季和秋季中耕1次,如树根长出萌蘖苗,应及时除去,以利主干生长。每次中耕除草后,结合追肥和培土,春季施人粪尿或化肥,秋季施堆肥。林木郁闭后,每隔3~4年在夏季中耕除杂草1次,并将杂草翻入土中。

**(3)间作** 厚朴移栽后1~2年间,林间空隙较大,为了充分利用土地,可在林间套种豆类、薯类、麦类等矮秆作物,这样既增加收益,又有利苗木管理。

**(4)特殊管理** 为促进厚朴树皮增厚,可于春季在树干上用快刀将树皮倾斜割2~3刀,以利养分积聚。一般对生长15年以上、树皮较薄的厚朴,可采用此法,割后4~5年即可收获。

4. **病虫害防治**

**(1)叶枯病** 主要危害叶片。防治方法:清除病叶;发病初期用1∶1∶100波尔多液喷雾。

**(2)根腐病** 苗期易发,主要危害根部。防治方法:用70%甲基硫菌灵可湿性粉剂800~1 000倍液,或50%多菌灵可湿性粉剂800~1 000倍液喷雾。

（3）**立枯病**　多发生于苗期。防治方法：用50%硫菌灵可湿性粉剂1 000~1 500倍液，或50%多菌灵可湿性粉剂1 000~1 500倍液浇灌病株根部。

（4）**褐天牛**　幼虫蛀食枝干。防治方法：捕杀成虫；树干刷涂白剂，防止成虫产卵；用80%敌敌畏乳油原液浸棉球塞入蛀孔毒杀。

（5）**褐边刺蛾和褐刺蛾**　幼虫咬食叶片，可喷施90%晶体敌百虫800倍液，或1.5%苏云金杆菌乳剂300倍液毒杀。

（6）**白蚁**　主要危害根部。可用灭蚁灵粉毒杀；或挖巢灭蚁。

# 六、葛根栽培管理技术

## （一）概　述

葛根为豆科多年生全草落叶藤本攀缘植物，喜温暖湿润气候，在海拔2 500多米以下的地区均有生长，以海拔1 600~2 100米之间居多，特别喜好在年平均温度12℃~16℃、空气相对湿度60%以上的背阴温凉潮湿坡地生长，耐寒、耐干旱，不耐涝。葛根为速生、质优、产量高的植物，淀粉含量高达20%~28%，葛根素含量达1.5%~2.3%，2年生葛根每667米$^2$产量5 000~8 000千克。明代李时珍在《本草纲目》中记载葛根入药，明代医圣张仲景用葛根、麻黄汤治疗伤寒。人工栽培葛根为医药工业制剂加工、食品工业加工提供了原料。葛根的有效成分主要有两方面：一是含有丰富的药用活性成分，如异黄酮、葛根素、葛根素木糖苷、一谷甾醇及花生酸；二是含有大量的具有保健作用的碳水化合物、蛋白质、维生素和钙、铁、锌、铜、磷、钾等微量元素，以及人体所需的18种氨基酸。

## (二)栽培技术要点

### 1. 精细整地

**（1）土地选择** 葛根分布地域较广,对土壤的要求不是很严格,绝大部分土壤都能生长。但要获得较高的栽培效益和价值,则要选择条件较好的土地种植。生产中应选择土质肥沃疏松,土层深厚达 80 厘米以上,排水良好的腐殖质土或沙质壤土,土壤 pH 值为 6～8,交通方便,每年春季 3～5 月份有水源保证,光照资源充足的缓坡耕地或荒山、荒坡、林果园及房前屋后零星空地等。同时,还要确保葛根用地不受工业有机废物、有害重金属元素（如铅、镉、汞等）及有毒非金属元素（如砷等）污染。

**（2）精细整地** 种植葛根的土地要及早整地,使种植沟内土壤充分风化,以提高土壤肥力。按南北向、行距 1～1.1 米规格开挖种植沟,沟深 50～60 厘米,沟宽 50～60 厘米,并清除石块、树根等杂物,特别要注意捕杀清除土蚕,减轻土壤虫害。葛根种植后大多要 2～3 年才收获,故要求基肥一次性施足,中等肥力耕地每 667 米$^2$ 施优质腐熟农家肥 2 000 千克、三元复合肥 50 千克、磷肥 50 千克,再施适量农作物秸秆。开挖种植沟时从一个方向一沟一沟顺序开挖,将表土耕作层回填沟底 20～30 厘米厚,把基肥全部施入种植沟,再回填 10 厘米厚的土壤,将肥土拌匀。注意施基肥的深度为墒面下 20～60 厘米处,不能把基肥施在沟底。最后将种植墒（耕地时开的垄沟）沟理成高垄（畦）低埂,垄（畦）高 30 厘米,确保葛根生长有 70 厘米以上深度的疏松耕作层。

### 2. 袋苗移栽

每年冬季,按精细整地要求开挖种植沟并施足基肥,按株距 60～70 厘米开挖种植塘,塘深 15 厘米,每 667 米$^2$ 种植 1 000 株左右,根据生产条件优劣可适当增减种植密度（900～1 100 株）。3 月份是移栽袋苗的最佳时间,及早移栽能确保当年有足够长的生长期,无灌溉条件的地块,则只能到 5～6 月份雨季来临前移栽。栽苗前先在种植塘内施药效期为 3 个月以上的土壤杀虫剂毒杀土蚕、黄蚂蚁等地下害虫,每 667 米² 用药 4～5 千克。然后将袋苗植入种植塘内,把塑料营养袋撕掉,周围施入细粪并回土压实,浇透水,覆盖地膜保湿增温,注意进入雨季时去除地膜。

**3. 田间管理**

**(1)查缺补苗** 葛苗移栽以后要及时检查成活情况,没有成活的要尽快补栽,以确保获得高产量。生长发育过程中遭受严重的根部病虫危害也会死亡,要及时挖除死亡植株,对土壤进行杀菌消毒后,补栽葛根袋苗。

**(2)看苗追肥** 葛根生长速度快,需肥量大,属喜肥植物。苗期及时追肥促苗快长,移栽成活后,追施提苗肥,时间在葛苗移栽后 15 天左右,每 667 米² 可施尿素 3 千克、氯化钾 5 千克、三元复合肥 3 千克兑水浇施,若用沼液肥则更好,也可浇施清粪水。在第一次追施提苗肥以后,可以根据葛苗生长情况,再施 1～2 次提苗肥。当葛藤长至 1.5 米以上时,深扎的根系就可以吸收利用基肥养分了,不必再进行根部追肥。

**(3)抗旱保苗** 葛根是一种喜光性植物,向光性强,每年春季是葛根生长的最佳时机,葛苗移栽的最佳时间也是 3 月份。而此时正是旱情最为严重的时期,因此要注重抗旱保苗,确保葛苗移栽成活。采取地膜覆盖栽培方法,既能保湿又能提高地温,可促进葛苗正常生长。进入雨季后,应及时去除地膜,以保证土壤有足够的水分供葛苗生长。

**(4)搭架引蔓** 葛根是一种藤本攀缘植物,需要搭架栽培,以促进块根膨大,获得高产。当葛藤长至 50 多厘米长时(约栽后 1个多月)应及时搭架引蔓,可利用 2 米长的竹竿或木杆,在两株葛苗中斜插 1 根竹竿,相邻两行的竹竿交叉为"人"字形,在上面放 1根长竿,用绳索捆绑固定,然后把葛藤引上架。搭架时要注意插稳、插实、捆紧,以防大风吹倒。

（5）**修剪整蔓**　在葛藤生长过程中要注意修剪整蔓,抑制疯长,促进块根膨大。修剪整蔓方法:一是每株葛苗留 1～2 条葛藤培养形成主蔓,在葛藤还没有长到 1 米长时,不留分枝侧蔓,随时剪除萌发的侧蔓,以促进主蔓长粗长壮;1 米以上所有萌发的侧蔓全部留着长叶片,以保持足够的光合叶面积。二是当所有的侧蔓生长点距根部的距离达到 3 米长时摘除顶芽,抑制疯长,促进藤蔓长粗、长壮和腋芽发育,准备翌年繁苗扦插芽节,确保根部膨大所需营养。翌年开春后要及早修剪,每株葛根只能保留 2～3 条藤蔓培养形成主蔓,1 米以内不留分枝侧蔓,以防"葛头"长得过大,消耗过多养分,影响葛根膨大。

（6）**中耕锄草**　进入雨季后杂草生长很快,要适时中耕除草,培土清沟及时排出积水,使葛根有一个良好的生长环境。葛根为旱地作物,根系发达,耐旱不耐涝,雨季要保持排水畅通。中耕除草,根据杂草生长情况进行 2～3 次即可。

## （三）病虫草鼠害防治

病虫鼠害防治以"预防为主,综合防治"为原则,积极采取相对应的预防控制措施。首先是通过病虫检疫,确保种苗无虫、无病、无害;其次是采取轮作、深翻晒伐、土壤消毒、中耕除草、抗旱排涝、修剪整蔓、增施肥料等农业综合防治措施,促进葛根健壮生育,增强抗逆能力,减少病虫草鼠危害。在万不得已的情况下采用化学防治方法,在选用化学农药时,要按无公害农产品的要求,选用高效、低毒、低残留和无毒副作用的农药。

葛根抗病虫害的能力很强,一般很少发生病虫害。有时会有轻微的黄粉病、根腐病、蛀心虫、蟒象、蝗虫、蚜虫、松毛虫等危害,对产量品质影响不大,一般不必专门防治。需要防治时,害虫可采用人工捕杀或选用敌敌畏、乐果等高效低毒杀虫剂防治;病害可选用甲基硫菌灵、肿·锌·福美双或多菌灵防治。土蚕、黄蚂蚁等虫害对幼苗成活和葛根产量及品质影响极大,应加强防治,可在开挖种植沟时人工捕杀,结合施基肥和回填土施用土壤杀虫农药毒杀;葛根生长期,可用 5%辛硫磷颗粒剂施入土壤毒杀。另外,葛根有甜味,老鼠喜欢吃,要注意防治鼠害。

### (四)适时采收

每年冬季(12 月份至翌年 2 月份)葛根停止生长,进入休眠期,此时积累的有效成分最多,品质最好,是采收的最佳节令。采挖时注意尽量保持葛根完整、少损伤,以免因外皮损伤霉烂,失去利用价值。采后除净泥土、葛头、须根和杂物,进行分级。葛根采收后,不能用水清洗,否则会加快溃烂。根据多年种植葛根实践经验,优质葛根以 2~3 年生收获为好,其有效成分含量高,品质好,产量高,栽培效益佳。

## 七、瓜蒌栽培管理技术

### (一)概　述

瓜蒌为葫芦科栝蒌属多年生攀缘草本植物的干燥成熟果实,又名药瓜、大圆瓜、杜瓜、苦瓜。瓜蒌皮、全瓜蒌、瓜蒌仁、根块(天花粉)均可入药,瓜蒌皮、全瓜蒌富含三萜皂、有机酸、糖类及色素,有润肺祛痰、滑肠散结之功用,对肺热咳嗽、胸闷、心绞痛、便秘、乳腺炎等病有疗效。瓜蒌仁富含脂肪油,可制作成椒盐瓜蒌仁(也可直接入药),食用后可润燥滑肠、清热化痰,对大便燥结、肺热咳嗽、痰稠等有疗效。根块含有丰富的蛋白质、多种氨基酸、糖类及淀粉等,功能是清热化痰、养胃生津、解毒消肿,主治肺热燥咳,还可治疗糖尿病和疮疡疖肿。瓜蒌藤长 5~6 米,茎多分枝,卷须细长。块根肥大、圆柱形,稍扭曲,外皮浅灰黄色,断面白色,肉

质。单叶互生,具长柄,叶形多变,通常为心形。雌雄异株,雄花
3~5 朵、呈总状花序,萼片线形;花冠白色,裂片呈倒三角形。雌花
单生于叶苞,子房卵形。瓠果近球形,成熟时橙黄色。种子扁平,
卵状、椭圆形,浅棕色。花期 7~8 月份,果期 9~10 月份。种子容
易萌发,发芽适温为 25℃~30℃,发芽率 60%~80%,种子寿命为 2
年。瓜蒌喜温暖、潮湿的环境,较耐寒,不耐干旱,忌积水;喜肥,需
阳光充足。

## (二)栽培技术要点

1. **整地选地** 瓜蒌为深根性植物,根入土深 1~2 米,故栽培
时应选择土层深厚、疏松肥沃的向阳地块,土质以壤土或沙壤土为
好,黏土也可以,最好是肥沃的大田种植。也可利用房前屋后、树
旁、沟边等地种植,但效益不高,盐碱地及易积水的洼地不宜栽培。
整地前,每 667 米$^2$ 施入农家肥 3 000 千克作基肥,配加过磷酸钙
20 千克耕翻入土。播前 15~20 天,撒施 75%可湿性棉隆粉剂进行
土壤消毒。整平地块,一般不必做畦,但地块四周应开好排水沟。
地块宽最低 2 米,排水沟(操作沟)最低 1 米。

2. **繁殖方法** 可采用种子和分根繁殖,生产上以分根繁殖为
主,种子繁殖易产生变异,当年无收益,效果差,只作为采收瓜蒌根
(中药名为天花粉)和培育新品种所用。块根繁殖需消毒催芽,技
术性强,需有经验的瓜农或技术人员集中育苗。

**(1)分根繁殖** 10 月份至 12 月下旬进行。挖取 3~5 年生、
健壮、无病虫害、直径 3~5 厘米长的小段,按株距 30 厘米、行距
1.5~2 米穴播,穴深 10~12 厘米,每穴放 1 段种根,每 667 米$^2$ 需
种根 30~40 千克。覆土 4~5 厘米厚,用手压实,再培土 10~15 厘
米高,使之成为小土堆,以利保墒。栽后 20 天左右开始萌芽时,除
去上面的保墒土。采用分根繁殖应选用雌株的根,并适当搭配部
分雄株的根,以利授粉。此外,断面有黄筋的老根不易成活萌芽,

不宜作种根。瓜蒌有1年种植多年受益的特点,但一般5年后需重新栽植。

（2）**种子繁殖**　果熟时,选橙黄色、健壮充实、柄短的成熟果实,从果蒂处剖成两半,取出内瓤,漂洗出种子,晾干收贮。翌春3~4月份,选饱满、无病虫害的种子,用40℃~50℃的温水浸泡4小时,取出稍晾,用3倍湿沙土混匀后置20℃~30℃条件下催芽,当大部分种子裂口时即可按1.5~2米的穴距穴播,穴深5~6厘米,每穴播种子5~6粒,覆土厚3~4厘米,并浇水,保持土壤湿润,15~20天即可出苗。

3. **栽植**　肥沃的大田一般每667米² 栽植150株左右,较差的大田每667米² 栽植200株左右,行距3米以上,株距1.5米左右。一般惊蛰前后10天处理好的块根下苗圃育苗,清明前后10天秧苗要移栽到大田;否则,就很难保证当年有好收成。

4. **田间管理**

（1）**中耕除草**　每年春季和冬季各进行1次中耕除草。生长期间视杂草滋生情况及时除草。谨慎使用除草剂。

（2）**追肥**　结合中耕除草进行追肥,以追施人、畜粪水和三元复合肥为主,冬季应增施过磷酸钙。施肥时应离植株根部33.3厘米左右,以防肥害。

（3）**搭架**　当茎蔓长至30厘米以上时,可用竹子或树木等作为支柱搭架,最好在整地时就把架搭好。棚架高1.8米左右(以架下适宜操作为宜),棚架顶部用钢绞线拉成网眼1米左右的大网,也可用专用的尼龙瓜蒌网覆盖。钢绞线尼龙网结构的架面省时省力,通风性能好,是现时瓜农普遍采用的方法。也可用竹木结构搭棚,但较耗时耗力。

（4）**整枝打杈**　在搭架引蔓的同时,去掉多余的茎蔓,每株只留壮蔓1根。当主蔓长至4~5米时,摘去顶芽,促其多生侧枝。上架的茎蔓应及时整理,使其分布均匀。

（5）人工授粉　瓜蒌自然结实率较高,采用人工授粉方法简便,能大幅度提高产量。方法是用毛笔将雄花的花粉集于培养皿内,然后用毛笔蘸上花粉,逐朵抹到雌花的柱头上即成。人工授粉耗时、耗力很少被人采用,一般每 667 米² 栽 2~3 棵雄性瓜蒌,给雄瓜蒌插一根高高的攀缘杆子,即可满足授粉的需要。

## （三）采收与加工

瓜蒌种子繁殖 2~3 年后结果,分根繁殖当年即可结果,果实一般于 10 月份前后先后成熟,待果皮有白粉并变成浅黄色时即可分批采摘。将采下的瓜蒌悬挂在通风处晾干即得全瓜蒌。将果实从果蒂处剖开,取出内瓤和种子后晒干,即成瓜蒌皮。内瓤和种子加草木灰,用手反复搓揉,并在水中淘净瓤,捞出种子晒干,即得瓜蒌仁。管理得当,可连续采摘多年。栽植 3 年后,于霜降前后采挖雄株,而雌株则待瓜蒌采收后采挖,将刨出的块根去泥沙及芦头、粗皮,切成 10 厘米左右的短节或纵剖 2~3 瓣晒干即成天花粉。

# 八、使君子栽培管理技术

## （一）概　述

使君子又称留球子、色干子,系使君子科毛使君子变种。使君子为落叶藤本灌木,藤长 2~7 米,幼枝和嫩叶具锈色短柔毛,叶对生,色青如五加叶。其茎藤如葛,绕树而上。花 5 瓣,初为淡红色,久则为深红色。果实橄榄状,有五棱角,青黑色。7~8 月份结籽,8~9 月份采收。使君子是我国传统的中药,"味甘气温,既能杀虫,又益脾胃,故治虚热而止泻痢,为小儿诸病要药"。使君子种仁内主要含有使君子酸钾、使君子酸、葫芦碱、脂肪油、蔗糖、果糖等。作为驱虫药,具有其他中西药所不可比拟的优点:一是驱虫效果稳定,副作用甚微;二是杀虫的同时有温补作用;三是其仁味似香榧,适口性好,小儿好食。所以,使君子一直是畅销的家备良药。

## (二)栽培技术要点

1. **繁殖**  使君子一般以压枝分蔸方法繁殖,留好繁殖枝条,在每年初冬(10 月份)埋入土中(5～8 束),待春暖时(翌年 3 月份)挖起尾部 1 米左右,入土部分的茎藤长出新根即成新的植株,就可以架缠绕。这种无性繁殖方法成活快,结果早,后代变异小,一经种植就可以长期利用。使君子生长 1 年后,开始整枝。依立地条件不同,通常每株留主藤条 5～8 根,随植株年龄的增长,由下而上地逐渐剪掉下部枝藤,并适当疏剪中上部的密生枝、病枯枝、断裂枝等,修整成疏展透风的冠形,以调节根部吸收和叶蒸腾消耗的平衡,提高光合效率和自然授粉率。

2. **搭架**  使君子是攀援植物,攀援与整枝是相辅相成的,没有良好的攀援条件,就不能形成立体结构;枝条交错,互相重叠,则导致有效营养面积的减少。因此,在无自然攀援条件下,应在整枝的同时进行人工立架。可采用长 3～4 米、粗 8 厘米左右的杉木立杆,供藤条绕"树"而上。这样,主藤生长快,侧枝稀疏,叶花疏展,增加了受光面积,可促进生长与开花数。使君子抗寒力弱,冬季(10 月份)要解藤下架,埋入土中越冬,翌年春天起藤上架。

3. **肥水管理**  使君子生长过程中,耗肥量大,施肥要掌握在起苗前(3 月底)、坐果期(6 月底)、采果后(9 月份)3 个时期,根据植株的生长情况分别轻重施肥。一般起苗期多施氮肥,每 667 米$^2$ 施氮肥 50 千克;着果期多施磷、钾肥,每 667 米$^2$ 施磷肥 25 千克、钾肥 25 千克;长势良好的植株应着重在采果后施足基肥,每 667 米$^2$ 施腐熟有机肥 1 000 千克。使君子生长苛求土质疏松,因此在产株到开花期间要松土 1 次,8 月份果实成熟前铲除杂草,整平植株底下的地面,以便采收。

# 九、无花果栽培管理技术

## (一)概　述

　　无花果属于落叶灌木,人们只能见到花托形成的假果,看不到花,故称为无花果。无花果营养价值高,富含糖、蛋白质、氨基酸等,多吃无花果有助于消化。无花果易栽培易成活,一般采用扦插方式繁殖。采集扦插果枝的最佳时机是秋季落叶后或春季发芽前。采集枝条后用清水浸泡1天,插入肥沃的土壤中,保持土壤湿润,一般1个月即可生根。

## (二)栽培技术要点

　　**1. 苗木定植**　为防止冬季干枯和早春低温冻害,以春栽为好,3月中旬至4月上旬栽植最适宜。也可秋栽,于秋季落叶后立即起苗定植,但冬季应注意培土防寒。定植密度可根据整枝方式、设施类型等条件确定,塑料大棚南北行、日光温室东西行栽植,一般栽植行株距为2~3米×1.5~2.5米。苗木栽植时应注意深挖穴,施足基肥,修剪根系,填土提苗,踩实,浇足水,根颈培土稍高于地面,然后用1米见方的地膜覆盖树盘。

　　**2. 温湿度管理**　无花果自然休眠期很短,低温需求量(3℃~5℃的低温时间)仅为80~100小时,或几乎没有自然休眠,只要温度达到一定要求,就能发芽生长。无花果正常发芽所需的温度为15℃以上,低于15℃发芽缓慢、不整齐。扣棚时间各地可根据当地气候、品种特性以及果实成熟上市时间等灵活掌握,一般在1月上旬至3月上旬扣棚升温,升温到发芽展叶期间,前期白天温度保持在15℃~20℃,不宜太高,超过35℃会出现芽枯死或发芽不整齐等现象;以后可将白天温度逐步升至20℃~25℃,夜间不低于

10℃。空气相对湿度保持在80%以上,以促进新梢生长。扣棚升温1个月后,白天温度保持在25℃~30℃、夜间15℃以上,空气相对湿度控制在60%~70%,以促进新梢充实和花芽分化。2个月后白天温度保持在25℃~30℃,空气相对湿度控制在60%左右,该阶段后期如室外温度稳定在25℃以上,应考虑逐渐除膜,进行露地栽培管理阶段。直至10月份霜冻到来之前再进行覆膜,晚上逐渐盖草苫,以保持生长温度,一直延续到晚秋,使部分晚熟的果实充分成熟,从而提高产量和经济效益。

另外,无花果是喜光树种,又是耐阴性较强的果树。光照充足,植株光合作用强,同化效率高,生产的碳水化合物多,可有效地提高果实产量和质量。因此,生产中应注意栽植密度和合理修剪,选用透光性好的棚膜并保持洁净,以改善光照条件,确保无花果正常生长发育。

**3. 整形修剪**　塑料大棚栽植,定干高度边行为30厘米,向中间逐行依次增加10厘米。日光温室栽植,定干高度则前沿第一行为30厘米,向后依次递增10厘米;若南北行栽植,定干高度也要掌握行内南(前)低北(后)高的原则,形成一定梯度,以适应棚室内空间和合理利用光照。无花果比较喜光,树形应以无中心干的开心形或平面形为宜。生产中主要应用的树形有自然开心形、自然圆头形、丛状形、水平"一"字形和水平"×"形等。但适合于设施栽培的树形主要是水平"一"字形、水平"×"形和丛状形。一般行株距为2~3米×1.5~2米,采用"一"字形整枝;行株距为2~3米×2~2.5米,采用"×"形整枝。

**(1)水平"一"字形**　这是日本采用较多的一种树形,特别适合于设施栽培,需搭支架,类似于葡萄的单臂篱架形式。其树体结构在主干上着生两大主枝,左右沿行向水平伸展,每个主枝上按20厘米左右的间距在两侧着生结果母枝,同侧间距为40厘米左右。

（2）**水平"×"形** 树体结构是在主干上着生四大主枝,沿行向每两个主枝为一侧,保持一定的距离水平向前伸展,主枝上间隔20厘米两侧配置结果母枝,整个树体沿着行向呈扁"×"形,类似于葡萄的双臂篱架。

（3）**丛状形** 树冠比较矮小,无主干,呈丛生状态。幼树结果母枝直接从基部抽生,成年树由结果母枝演变而来的主枝抽生结果枝,结果后转为新的结果母枝,抽生部位较低。

无花果以休眠期修剪为主,结合生长期修剪。冬剪时在维持树体结构的原则下,对更新能力强、新梢易结果、分枝能力差的品种,如布兰瑞克、玛斯义·陶芬、蓬莱柿等,应采用短截修剪,促生分枝。短截强度,对幼旺树和成年树的主、侧枝可适当截留长些,对结果母枝应采取留2~3个隐芽重短截或局部回缩更新,防止结果母枝上移。同时,疏除枯枝、病虫枝及扰乱树形的枝条,以稳定树体结构和树冠大小。生长期修剪主要是及时除去根蘖、萌条和徒长枝,疏除过密枝,保持良好的通风透光条件。待新梢展叶20~25片时摘心,以控制旺长,促生分枝,增加枝量,提高产量。摘心后要及时抹除过多的分枝和萌芽。

**4. 肥水管理**

（1）**施肥** 据测定,无花果植株以钙的吸收量为最多,氮、钾次之,磷较少,其比例为钙∶氮∶钾∶磷=1.43∶1∶0.9∶0.3,因此生产中应特别注意钾、钙肥的施用。氮、磷、钾配比,幼树以1∶0.5∶0.7为好;成年树以1∶0.75∶1为宜。基肥以有机肥为佳,一般在落叶后的休眠期施用,要求每1千克产量施有机肥1~1.5千克,开条沟或环状沟施于枝展的下方。在施足基肥的基础上,每年应追肥(土施或叶面喷施)5~6次,生长前期以氮肥为主,果实成熟期以磷、钾肥为主,并补充钙肥(土施、叶喷均可)。土壤追肥应结合浇水进行,开沟追肥再覆土浇水,不提倡地表撒施。果实生长发育期可叶面喷施 0.2%磷酸二氢钾溶液,以增大果个,提高产量。

（2）**灌水**　无花果根系发达,比较抗旱;但因叶片大,枝叶生长旺,水分蒸发量大,需水量多,因此生产中应根据墒情及时补充水分。无花果主要的需水期是发芽期、新梢速长期和果实生长发育期,灌水方法除传统的沟灌、穴灌外,有条件的还可进行滴灌和喷灌。无花果一次灌水不宜过多,尤其是果实成熟采收期,避免土壤干湿度变化过大,应始终保持稳定适宜的土壤湿度,以免导致裂果增多。另外,无花果抗旱力强,耐涝性弱,在梅雨季节要特别注意及时排水,雨后及时划锄松土。

## （三）病虫害防治

无花果抗病力强,病虫害极少,很少喷药,故常说无花果是天然的无公害绿色食品。常见病害主要有锈病、炭疽病,虫害主要是以幼虫蛀食树干、大枝的天牛类。对天牛类害虫的防治,除在成虫产卵期进行人工捕杀外,还可对树干和大枝涂刷涂白剂（生石灰10 份、硫磺粉 1 份、食盐 0.5 份、水 30 份）防止成虫产卵。对已蛀入枝干的幼虫,可采用挖蛀道用铁丝刺杀,或用注射器向蛀孔注入敌敌畏或杀螟硫磷 50 倍液 5～10 毫升或用棉球蘸药塞入蛀孔内,再用黄泥堵塞蛀孔口。锈病可用 50%三唑酮可湿性粉剂 500～800倍液喷施防治,炭疽病可用 80%福·福锌可湿性粉剂 600～1 000倍液,或 50%多菌灵可湿性粉剂 500 倍液喷施防治。

········· **第六章** ·········

# 花 卉 类

## 一、兰花栽培管理技术

### (一)概　述

　　兰花又名兰草、山兰、幽兰等,因品种繁多,故名称各异。兰科植物在我国约有 500 属,1 万余种,平常所观赏的兰花是地生兰品种。依其花期不同分为春兰、夏兰、秋兰、寒兰与墨兰;按开花季节划分,3~4 月份开花的叫春兰,5~6 月份开花的叫蕙兰,8~9 月份开花的叫秋兰,10~12 月份及翌年元月份开花的叫冬兰或寒兰;从生态习性可分为地生兰和附生兰两大类。兰花的变种很多,有素心、荷花瓣、梅瓣、水仙瓣、蝴蝶瓣之分。兰花自古就是我国著名的观赏花卉之一,柔美俊逸的叶片,淡雅素洁的花朵,清远奇绝的幽香,使之成为花中珍品。武夷山寒兰是兰花族群中的大家族,武夷山被国家兰花协会专家命名为"中国寒兰之乡"。武夷山寒兰品种多,物种优,储量大,且栽培历史久远,是武夷山世界双遗产内容之一,古今名人题咏众多。武夷山兰花品种占全国兰花品种的70%以上,而寒兰则占 80%,品种之多,储量之大,可谓是我国兰花资源的宝库。

兰花一般由 6 个花瓣组成(1 个唇瓣、2 个花瓣、3 个萼瓣),珍贵的兰种花瓣多达 7~8 个。若两侧的萼片呈"一"字形舒展,称"一字肩",品质为上乘;向上后舒展的叫"飞肩",品质尚可;向下垂挂者称"落肩",则为下品。兰花全花色淡绿者为上品,唇瓣上具有斑纹点及色晕的叫"荤瓣",绿、白、浅黄无斑点者叫"素瓣"。若在瓣形花中出现素心,则更为珍奇。若花中有斑点条纹,只要颜色清纯,同样惹人喜爱。如在叶、花等部位出现稳定遗传性状,则成为观赏价值很高的优良变种,如多瓣花、形变、色变等为兰中珍品。无论是直立、弯卷、下垂,都应碧绿柔韧,疏朗而清秀。兰叶的观赏价值一向不低于赏花,兰花的香型有清香、冷香、淡香、浓香等,浓烈而浊者其质较差,幽远清香者为上品。

## (二)兰花繁殖

**1. 播种繁殖**  兰花的果实俗称兰荪,其中有数千至数百万粒种子,因种类不同而异。兰科植物种子发育较特殊,种子成熟后没有胚乳,需与某些真菌共生,由真菌提供营养才能萌发,在自然条件下,萌发率很低。兰花的特性是共生才能成活,故播种时常将种子播于母株盆面,利用母株之兰菌。种子播后约经 6 个月发芽,在母株盆生长 2 个月后,可移小盆培养。兰花的种子培养是进行兰花杂交育种的必要手段,也是兰花种苗生产的重要技术。目前,国内蝴蝶兰种苗生产多数是实生苗,与分生苗相比,实生苗往往不能保证性状的完全一致。因此,对亲本的要求非常高,好的亲本其后代的分离不会很大,好花率达 80% 以上。实生苗生产相对简单、迅捷,以蝴蝶兰为例,由 1 个好的荚果,播种后 2 个月左右可产生数万个小原球茎,经过一次分瓶后,就可进行育苗,3 个月后即可得到大量可移栽的试管苗。

**2. 组织培养**  自 MORAL 于 20 世纪 60 年代首次成功进行了

兰花的组织培养,目前已有数十个属的兰花进行了组织培养,通过组织培养及克隆技术进行生产的种苗具有与母本完全一致的性状。热带兰花组培快,一般通过诱导产生类原球茎(PLB),通过PLB进行增殖;其起始材料以茎尖分生组织最佳,花梗上的休眠腋芽也是最常用的材料之一,一些单轴生长的兰花如蝴蝶兰,如取茎尖往往会失去母株,取花梗就没有这样的担心。在植物的组织培养过程中常常会发生体细胞无性系变异,这可以作为一种育种手段,但对于商业生产而言却是不利的,所以通过PLB增殖时要十分注意去除形态不正常的组织。目前,我国台湾蝴蝶兰分生丛生芽方法生产,即通过花梗诱导腋芽生成小芽,通过小芽诱导丛生切割增殖,这样生产的种苗基本可以保证与母株性状的一致。但生产成本高,周期特长,往往需要拥有一定数量的母株来采取花梗。其实就兰花商品生产而言,通过PLB进行增殖生产分生苗是最有效率的,通过控制其变异率可以降至非常低,甚至忽略不计的水平。另外,幼嫩的花梗也是一种很好的繁殖材料,可以诱导PLB或不定芽。近年来,兰花组织培养有了很大的发展,春兰、墨兰和建兰等传统名兰均可以进行克隆,这类地生兰的组培与热带兰不同,是通过诱导产生根状茎,通过根状茎进行增殖,在根状茎前端生成小苗。

　　**3. 分株繁殖**　兰花分株繁殖是目前常采用的方法。因兰花种类不同,特性各异,何时分株为佳,养兰名家各有己见。总的来说,比较适宜的分株时间为新芽发出的春季及渐停生长的秋季。这是因为此时不易碰伤折损新芽,而且气温较平和,便于操作及蓄养恢复株体。夏季气温高,为兰花生长旺季;冬季寒冷,株较弱,分株多为不利。也可掌握在花开过后分株,一般夏秋开花的应于早春分株,早春开花的应于秋末分株。这样,既不影响开花,又能刺激叶芽的发生,叶翠而花艳。分株时,从盆中脱出母株,抖落泥土后以刀分成数丛,每丛应带3~4个假鳞茎及新芽,修剪去枯败叶及腐瘪根。若是用市场上买来的野生兰花,因根系多已失水干瘪,可先浸泡于清水中,待吸足水分后洗净并清理根须,阴干至根发白时进行栽种。栽植兰花可用黑山泥、草炭土、田园土、松什土、苔藓、蕨根、树皮块等。盆底排水孔盖上瓦片,再铺一层碎砖瓦石粒,厚度为盆深的1/4,以增强透气排水性,最后铺一层培养土。将兰花置于花盆扶正,填充培养土盖住鳞茎并压实,距盆口2厘米处不填土,以便于浇水。栽后浇足透水,置于凉爽的荫蔽处,15天后再置于向阳通风的环境中莳养。为增加美观和保湿性,盆面可铺一层碎小白石子。

## (三)栽培技术要点

兰花为兰科多年生草本花卉。茎由花茎与根茎两部分组成,花茎为地上部分,着生花及苞茎叶;根茎为地下部分,节间短,大而多节。根茎肉质,并与菌类共生成皮层发达的菌根。叶有寻常叶和变态叶两种,寻常叶多为带状,叶脉平行,其叶形、叶色因品种不同而异;变态叶为花茎上的膜质鳞片状叶,基部为鞘状,为花之苞片,其形与色也因品种不同而异。花为不整齐花,花被6片,分内、外两轮,内轮3片,外轮3片。内轮3片为真正的花瓣,上侧2片为心、直立,下侧1片较上2瓣大,称唇瓣,也叫舌。外轮3片是花萼,上边1片较长,称主瓣,两侧的萼片称副瓣。兰花因构造特别而甚奇,其花色因品种不同而各异,大凡有红紫斑点的称之为荤瓣,白色而无斑点的则为"素瓣"之名贵兰花。花蕊柱状,是雌雄合生而成,为香囊。种子多而细小,包裹在果荚之中,常因胚芽发育不全,播种很难发芽。

1. **盆栽兰花**　盆栽兰花应以通气和吸水性能好的瓦盆为优。在选择口大而深、底孔排水好的花盆,先洗刷干净,再进行消毒杀菌处理。底孔用铁纱或塑料窗纱覆盖,防止害虫由此孔进入而伤害花根。兰花常用分株繁殖,可结合翻盆进行。分株时间多在新芽未露土之前,一般春兰秋末冬初分,蕙兰和秋兰、寒兰春季分。
分根方法:选定的母株盆土应略干,根部微蔫,这样分根时不易折
断伤苗。将母株从盆土中翻出后,轻轻抖落根部泥土,用剪刀剪去
病根、腐根和衰老叶后,放在水中浸软未抖掉之泥土,再用毛刷刷
洗干净,放在阴凉处,待根变灰白色或有皱纹、柔软时,即可分根栽
植。盆底用洗净消毒的碎瓦砾垒成圆形底垫,上铺粗砂子,砂子上
再铺较粗山土填至盆深的1/2处。把植株放在盆周围一圈,然后
填山泥土,不可太满,以防兰株心进土。在土填好后,用手捏住株
苗,轻轻往上提,并同时轻摇花盆,以便根茎舒展、根际周围土壤严
实。最后浇透水,置盆于阴凉处,保持空气湿润,15~20天可生根
成为新株。

2. **兰花修剪**　兰花要经常修剪,去除枯老叶片,以利通风、保
持株型美观和防止病害蔓延。兰花是比较娇贵和难养的花卉,高
贵品种尤甚,如"弹冠"、"大富贵"、"叠翠"、长条形的"舌兰",以
及被称为"国色天香"的"黄壳"、"绿壳"、"金莺"等优良品种。我
国园艺家及花卉栽培爱好者在长期栽培、养护与管理中,摸索出了
不少成功经验。例如,春兰秋养,俗话说"兰花无光花不发,夏不
遮阴叶不茂",所以在秋后养护十分关键。秋后多光照,利于花箭
发育,翌年生长旺盛。冬季少浇水,湿润即可。秋分后施肥1次,
直到开花不用施肥。花箭有4~5个即可,过多影响花的大、鲜、
香。春兰在冬季需放低温处。兰花培植应遵循这样10句话,30
个字:爱朝日,忌夕阳;喜南暖,怕北风;通气好,惧烟熏;春不出,夏
不日;秋不干,冬不湿。

3. **兰花施肥**　兰花需要氮、磷、钾元素的比例:幼苗约为3:
1:1;成长的植株约为1:1:1,若为促使更好开花则为1:3:1。

**(1)氮素的作用**　植物体内许多重要的有机化合物都含有氮
素,氮素是蛋白质的重要组成部分,在蛋白质中氮素含量占16%~
18%,细胞里的原生质主要由蛋白质组成,蛋白质存在于每一个有

生命的细胞中,是生命过程的物质基础。植物体内的叶绿素、酶、维生素、植物激素(如赤霉素)都含有氮素,如果没有或缺乏氮素,这些化合物的形成就会受到影响。就叶绿素的形成来说,植物缺氮素时,体内叶绿素减少,甚至不能形成,使叶片黄化,光合作用强度减弱。当氮素供给足够时,叶片呈深绿色,促进叶绿素的形成,光合作用加强,茎叶繁茂。兰花氮素营养充足时假鳞茎也会膨大起来,从而储存更多的营养物质,故兰花也要适当施用氮素肥料。但如果氮素供应过多,植株生长过于繁茂,叶质柔软,易感染病虫害。常用氮素肥料有硫酸铵、尿素、硝酸铵、磷酸铵、花生麸、人畜尿等。

**(2)磷素的作用**    磷素在植物体中以有机和无机化合物的形式存在。缺磷时老叶中大部分磷转移到正在生长的组织中,同时氨化合物的吸收也受到限制,如单施氮肥效果不好,需氮肥和磷肥配合施用。常用磷肥有磷酸二氢钾、磷酸铵、过磷酸钙、骨粉等。

**(3)钾素的作用**    钾在植物幼嫩和正在活跃生长的器官中,如芽、幼叶、根尖都有大量的钾,而这些器官中蛋白质含量也高,植物体中钾与蛋白质分布有关。钾供应充分可促进机械组织发育良好,使茎叶纤维素增多,植株坚挺,抗病能力增强。缺钾时,单糖累积在叶内,因而对光合作用的速度发生阻碍,使光合作用强度降低,影响碳水化合物的形成和运输等。常用钾肥有硫酸钾、硝酸钾、氯化钾、磷酸二氢钾、草木灰等。

**(4)其他元素的作用**    兰花生长发育过程中,氮磷钾三要素是必需的营养元素,同时也需要钙、镁、硼、锌等中微量元素。钙能稳定生物膜的结构,保持细胞的完整性,促进细胞伸长和根系生长。镁对合成叶绿素是不可缺少的元素,叶绿素增多,促进光合作用加强。硼比较集中分布在子房、柱头等花器官中,对繁殖器官形成起主要作用,缺硼常引起分生组织死亡。铁、铂、锌、锰、铜等微量元素,主要功能是作为细胞中酶的基本组分或激活剂。常用微量元素肥料有过磷酸钙、骨粉或石灰、硫酸镁、硼酸或硼砂、硫酸亚铁、硫酸锰、硫酸锌、硫酸铜等。

### (四)兰花品种质量鉴别

兰花品种质量鉴别标准:根多而圆细;叶下部紧,上部阔,软而下垂;花色嫩绿为上,浓绿次之,赤绿较差,全花一色而素心者最好。香味以清雅、纯正、温和者佳,异味强甚者劣。花形外3瓣均匀质厚有软绵感为好,主瓣宽,副瓣窄或外翘者劣。平肩、正肩为佳,下斜落肩次之。棒心光洁、柔软者为上,暗淡、坚硬者为下。舌短、宽、圆者为佳,长、窄、扁者为劣。舌上点整齐者为优,杂乱无章而色暗者为劣。若未开花者,可从花苞外形和衣苞色泽上识别其优劣,花苞短而圆、紧而密,光泽鲜艳,脉纹细匀直达者为优。梅瓣、水仙瓣,苞衣尖端有白点,素心者苞衣呈白绿色。兰花喜阴、温暖、湿润,怕日晒、酷热、干燥气候,在排水良好、富含腐殖质的酸性土壤中生长良好。兰花浇水不宜过勤和太湿,俗有"干兰湿菊"之说。但环境要潮湿,故在干旱季节要在盆周围喷水、上方要遮阴,使空气湿度增加。浇水以雨水为好,隔日自来水方可浇用。兰花施肥以豆饼肥为好,硫酸镁、磷酸二氢钾等酸性肥料也较适宜。生长旺季15~20天可施1次肥,以稀释的液肥为好。平时少施肥,休眠期不施肥。

### (五)养兰注意事项

1. **养兰有四戒** "春不出、夏不日、秋不干、冬不湿"为养兰四戒。意思是说春季气温不稳定,过早出房易遭受风寒,一般4月初出房比较安全;夏季要置于荫棚下,避免阳光直射,采取散射光照阴养;秋季为兰花发芽拔箭期,要保持相应的湿度,避免干燥;兰花根为肉质,冬季休眠期需水量不多,盆土略湿即可,不可过多浇水,以免根叶发生病害。

2. **肥宜稀忌浓**　在生长期每隔 15 天可浇施 1 次腐熟的豆饼水或马蹄酱渣水,若加施适量的磷酸二氢钾则效果更好。炎夏不施肥,气温过高时(超过 32℃)除每日浇水外,再喷水数次,以微酸性水为宜。注意经常以清水喷洗叶面,这样不仅使盆兰生长环境改善,还可保持叶片清洁,减少病虫害感染的机会。

3. **病虫害防治**　兰花易生介壳虫,可用 80% 敌敌畏乳油 1 000 倍液喷杀。粉虱危害时,以 2.5% 溴氰菊酯乳油 2 000 倍液喷杀。兰花根带甜味,易招蚂蚁,可用肉骨头引而灭之。兰花易生炭疽病菌、黑斑病菌,发病后要及时清除病叶烧毁,并拉开盆株距离,改善通风透光条件;减少喷水,控制湿度,并喷施多菌灵进行防治。梅雨季节易发生白绢病,可用多菌灵防治;炭疽病,全年均可发生,可用 1% 等量波尔多液或多菌灵防治。介壳虫,为兰花的主要虫害,可用 0.1% 乐果溶液喷施防治。

# 二、桂花栽培管理技术

## (一)概　述

　　桂花应用较广泛,常植于园林内、道路两侧、草坪和院落等地,是机关、学校、企事业单位、街道和家庭的最佳绿化树种。由于桂花对二氧化硫、氟化氢等有害气体有一定的抗性,也是工矿区绿化的优良花木。桂花与山、石、亭、台、楼、阁相配,更显端庄高雅、悦目怡情。桂花树材质硬、有光泽、纹理美丽,是雕刻的良材。桂花还是制作桂花糖、桂花茶、桂花酒、桂花糕的重要原料,从桂花中提炼的香精,广泛运用于食品行业和化工业。桂皮可提取染料和鞣料,桂叶可作为调料,为食品增进清香。

### (二)扦插和嫁接

桂花的繁殖方法有播种、扦插、嫁接和压条等,生产上以扦插和嫁接繁殖最为普遍。

1. **扦插**　扦插繁殖技术简单、繁殖数量多、速度快、成活率高、成本低,是苗木生产者和花卉爱好者采用最广泛、使用最普遍的繁殖方法。

(1)**扦插时间**　3月初至4月中旬选1年生春梢进行扦插,这是桂花最佳扦插时间。也可在6月下旬至8月下旬选当年生的半熟枝进行带踵扦插,但此法对温湿度的控制要求高。

(2)**插穗剪取与处理**　从中幼龄树上选择树体外围中上部的健壮、饱满、无病虫害的枝条作插穗。将枝条剪成10~12厘米长段,除去下部叶片,只留上部3~4片叶。有条件的可将插穗放入50~100毫克/千克GGR 6号溶液中浸泡0.5~1小时,以利插条生根。

(3)**扦插土壤准备**　选用微酸性、疏松、通气、保水力好的土壤作扦插基质,扦插前用多菌灵对扦插土壤进行消毒灭菌处理。

(4)**插后管理**　控制好温度和湿度,是扦插生根成活的关键。最佳生根地温为25℃~28℃,最佳相对湿度保持在85%以上。可采用覆遮阳网、搭塑料拱棚、洒水、通风等措施。由于高温高湿易生霉菌,每周可交替用多菌灵、甲基硫菌灵喷洒杀菌防霉。

2. **嫁接**　嫁接繁殖具有成苗快、长势旺、开花早、变异小等优点,是比较常用的繁殖方法。

(1)**培育砧木**　多用女贞、小叶女贞、小叶白蜡等1~2年生苗木作砧木。其中,女贞砧木嫁接桂花成活率高、初期生长快,但伤口愈合不好,遇大风吹或外力碰撞易发生断离。

(2)**嫁接方法**　清明节前后进行嫁接,生产上常用劈接法和腹接法。接穗选取成年树上充分木质化的1~2年生健壮、无病枝条,去掉叶片、保留叶柄。采用劈接法的,应在春季苗木萌芽前,将砧木自地面 4~6 厘米处剪断进行嫁接。接穗的粗度与砧木的粗度要相配,接穗的削面要平滑,劈接成功的关键在于砧木与接穗的形成层要对齐并绑扎紧实;采用腹接法的,不需断砧,直接将接芽嵌于砧木上,待嫁接成功后再断砧。生产中无论采取哪种方法嫁接,均应尽可能做到随取穗随嫁接,从外地取穗的务必保持穗条的新鲜度。嫁接以选晴好无风的天气为好。嫁接后要注意检查成活率,并注意补接、抹芽、剪砧、解除绑扎带、肥水管理和防治病虫害等管理。

### (三)播种繁殖

桂花亦可播种繁殖,但由于有的品种不结实或结实少,加上采用播种法育成的苗需要 10 多年才开花,而且变异大,所以生产中很少采用。桂花种子约 5 月份成熟,采种后可在 2 个时段进行播种:一是采后即播,优点是可减少种子贮藏工序,秋季就有部分种子发芽出苗;缺点是幼苗越冬管理难度大,易遭冻害。二是采种后沙藏至翌年春天播种,4 月份发芽出苗,其优点是幼苗生长快、苗期管理难度小。采用播种育苗方法,苗期要注意防治苗木立枯病,加强肥水管理,及时间苗补苗和中耕除草,搞好遮阴降温和防寒防冻等工作。

### (四)压条繁殖

压条应选在春季芽萌动前进行。因桂花枝条不易弯曲,生产中一般不采用地压法,多采用高压法。采用高压法时,选优良母株上生长势强的 2~3 年生枝条,先在枝上环剥一圈 0.3 厘米宽的皮层,再在环剥处涂以 100 毫克/千克 GGR 6 号溶液或相同剂量的萘乙酸,然后用塑料薄膜装上山泥、腐叶土、苔藓等,将刻伤部分包裹起来,浇透水后把袋口包扎固定。平常注意观察,并及时补水,使包扎物总是处于湿润状态。经过夏、秋两季培育会长出新根,在翌年春季将长出根的枝条剪离母体,拆开包扎物,带土移入花盆内,浇透水,置于阴凉处养护。待萌发大量新梢后,即可接受全光照。

### (五)苗木栽培管理技术要点

培育的 1 年生桂花幼苗,因抗旱、抗寒、抗瘠能力较差,不宜立即作绿化苗使用,应先移栽到圃地内继续培植 2~5 年,待其长成中等大小苗木后移栽。其栽培管理技术要点如下:

1. **整地**　选择光照充足、土层深厚、富含腐殖质、通透性强、排灌方便的微酸性(pH 值 5~6.5)沙性壤土作培植圃地。在移植的上年秋冬季,先将圃地全垦 1 次,并按株行距 1 米×1.5 米(2 年后待其长粗长高时,每隔 1 株移走 1 株,使行株距变为 2 米×1.5 米)、栽植穴 0.4 米×0.4 米×0.4 米的规格挖穴。每穴施腐熟的性平农家肥(猪粪、牛粪)2~3 千克、磷肥 0.5 千克作基肥。将基肥与表面壤土拌匀,填入穴内。肥料经冬雪春雨侵蚀发酵后,易被树苗吸收。

2. **移栽**　在树液尚未流动或刚刚流动时移栽最好,时间一般在 2 月上旬至 3 月上旬。取苗时,尽可能做到多留根、少伤根,取苗后要尽快栽植。需从外地调苗的,要注意保湿,以防苗木脱水。栽好后将土压实,浇 1 次透水,使苗木根系与土壤密接。

3. **肥水管理**　移栽后,如遇大雨使圃地积水,要挖沟排水;遇干旱,要浇水抗旱。除施足基肥外,每年还要施 3 次追肥,3 月下旬每株施速效氮肥 0.1~0.3 千克,促使其长高和多发嫩梢;7 月份每株施速效磷、钾肥 0.1~0.3 千克,提高其抗旱能力;10 月份每株施有机肥 2~3 千克,以提高其抗寒能力,为越冬做准备。

4. **修剪整形**　桂花萌发力强,有自然形成灌丛的特性。每年在春秋季抽梢 2 次,如不及时修剪抹芽,很难培育出较高植株,而且易出现上部枝条密集、下部枝条稀少的上强下弱现象。修剪时除因树势、枝势生长不好的短截外，一般以疏枝为主，只对过密的外围枝进行适当疏除，同时剪除徒长枝和病虫枝，以改善植株通风透光条件。要注意及时抹除树干基部发出的萌蘖枝，以免消耗树木内的养分和扰乱树形。

5. **松土除草**　在春、秋季结合施肥分别中耕 1 次，以改善土壤结构。越冬前垒蔸 1 次，并对树干涂白 1 次，以增强抗寒能力。每年除草 2~3 次，以免杂草与苗木争水、争肥、争光照。

6. **防治病虫害**　桂花病虫害较少，主要有炭疽病、叶斑病、红蜘蛛和蛎盾蚧等，可用波尔多液、石硫合剂、甲基硫菌灵、敌敌畏等药剂进行防治。

### （六）桂花大树移栽技术要点

移栽时间以 1 月中旬至 2 月上旬为好，此时树木处于休眠状态，移植后活动力强，易成活。忌夏季移栽。

1. **截枝**　有助于降低树体养分消耗量和水分蒸腾量。截枝量依树龄大小和生长势强弱确定，上百年的老树因生长势弱要少留枝或不留枝，生长势强的和树龄小的可适当多留些枝。截枝的同时除去病虫枝、徒长枝和交叉枝，截枝后用凡士林或波尔多液涂抹伤口，以免病虫危害和雨水侵蚀。

2. **断根**　为提高桂花大树移栽成活率，在移植前的第一、第二年春季分别斩断 1/2 的根，斩断处离树桩距离为树桩直径的 2~3 倍。在断根上涂抹 50~100 毫克/千克 GGR 6 号溶液或 0.1%吲哚乙酸溶液，覆土后浇透水，让其长出新根。

3. **取桩**　开挖土球大小一般为树桩地径的 4~6 倍，确因地径太粗难以起运的也不得小于 3 倍。边挖边用湿草苫和草绳捆扎土球，以防松散。树的大根用锯子锯断，并在锯口涂以 GGR 6 号等生根粉。挖好后，用湿草帘和草绳包好捆实，草绳捆至树干 2.5

米高。

4.**运输**　运输时要轻装、轻放、轻卸。装车时要将大树固定好,并隔以缓冲物,防止树木碰撞伤及皮部、碰散土球。途中要注意保湿。

5.**栽植**　在栽植前 1 个月,先挖种植穴,穴的规格为土球的1.5~2 倍。穴内填入菌根土,并施入腐熟、性平的农家肥 5~10 千克、速效磷肥 2 千克,灌水备用。栽植时用吊车将大树吊起轻轻放入种植穴内,用剪刀剪开包装草苫和草绳,然后回填土并踩实,浇透水。

6.**管　护**

(1)**支固定架**　在大树主干周围架设三脚架,防止因人、畜碰撞和刮大风引起大树摇动。

(2)**搭荫棚**　4 月份以后,在大树三面(除西北方以外)架设荫棚,防止阳光直射灼伤皮部和减少水分蒸腾量,10 月份天气转凉即可拆除。

(3)**浇水**　刚栽下的大树,根系受损,吸水力弱。因此,浇水量不宜过多,以免根系发霉腐烂;但浇水也不能太少,否则会造成树体失水而死亡。

(4)**输液**　输液可满足附体对水分和养分的需求,能极大地提高移栽成活率。输液一般在 4~9 月份进行,输液前先在大树基部用木工钻由上向下呈 45°角钻 3~5 个输液孔,深至髓心。再配制药液,用每升水溶入 ABT 6 号生根粉 0.1 克和磷酸二氢钾 0.5克配成。将装有药液的瓶子挂在高处,将树干注射器插入输液孔,打开输液开关,液体即可输入树体内。待药液输完后,拔出针头,用棉花团塞住输液孔,在下次需输液时夹出棉花团即可。输液的次数及间隔时间视干旱程度、温度高低和植株需水情况而定。待植株完全脱离危险期后,用波尔多液封好输液孔。

# 三、玳玳花栽培管理技术

## (一)概　述

玳玳,别名臭橙、酸橙、回青橙,芸香科柑橘属。原产于我国浙江省,现全国各地均有栽培,江苏、浙江等地为著名产区。玳玳为常绿灌木,树高2~5米。枝疏生短棘荆,嫩枝有棱角。树干皮绿色,有挥发性油腺物。叶互生、革质,椭圆形至卵状椭圆形,叶长5~10厘米、宽2.5~5厘米,顶端渐尖,边缘有波状缺刻,基部楔形,脉纹明显。花1朵或几朵着生于枝端叶腋,总状花序,花白色、花瓣5,具浓香。1年开花多次,以春花最多,花期1个月左右。果实扁圆形、橙黄色,有浓香味,种子椭圆形。花期为5~6月份,10月份陆续有少量花,果熟期为12月份。喜温暖湿润气候,耐肥,需阳光充足、通风良好的环境,不耐严寒。对土质要求不严,以排水良好、肥沃、疏松的微酸性沙质土最适。忌土壤过湿,尤忌积水。

玳玳可供窨制花茶,其果、花、叶可入药,提取香料。由于果实可在植株上着生2~3年不落,隔年花果同存,犹如"三代同堂",因而又称玳玳。随着国际市场对纯天然香料需求的日益扩大,每吨玳玳花油售价400万元,每吨叶油110万元。

## (二)栽培管理

### 1. 盆　栽

**(1)科学上盆**　玳玳花盆栽宜用由菜园土(或腐叶土)、黄泥、砻糠灰以3∶1∶1的比例配成的营养土,栽前在盆底放些腐熟菜籽饼或鸡鸭粪作基肥,栽植时避免根直接接触基肥。要求根系舒展,填培养土后将主干周围土压实,使根系和土密切接触,以利发根。栽后浇透水,置荫蔽处养护15天左右,再移到阳光下培育。

（2）**适量浇水**　平时浇水应注意适量，不能使盆土过干或过湿。夏天天气炎热，应注意适当遮阴，早、晚各浇 1 次水。夏天或雨季放在室外受雨淋后要及时排水，花盆内不能有积水。

（3）**合理施肥**　生长季节，每隔 10 天施腐熟稀薄肥水 1 次，每月施矾肥水 1 次。花芽分化期，增施 1 次速效磷肥，以利孕蕾和结果。开花时停止施肥，以免花叶脱落。

（4）**加强冬管**　在本地霜降前将其移入室内或棚室内阳光充足处养护，最低室温应不低于 0℃。一般整个冬季浇 3~4 次水即可，注意经常用接近室温的温水浇洗叶面，晴天中午应开窗换气。棚室温度不宜过高，若温度过高，植株不能充分休眠，则会影响翌年生长开花。

（5）**早春换盆**　玳玳花根系发达，一般每隔 1~2 年应在早春翻盆换土 1 次。换盆时要结合进行修根、整枝、施基肥，促使萌发新枝，多开花，多结果。

（6）**防病治虫**　玳玳花的主要病害是叶斑病，发生时多从叶缘开始，先出现褐色小斑，病斑扩展后呈不规则状，最后病斑上发生许多黑色粒状物并腐烂、干枯脱落。8~9 月份发病较重，高温高湿天气或有介虫危害时发病较重。发病初期可用 50% 肿·锌·福美双可湿性粉剂 800~1 000 倍液喷雾防治，每隔 10~15 天喷 1 次，喷 2~3 次病情即得到控制。玳玳花的主要虫害是吹绵蚧，在室温过高、通风不良或高温高湿条件下易发生，它的排泄物会伴随产生煤污病，严重时造成整个植株叶落枝枯。可用刷子刷除吹绵蚧，或喷施 40% 乐果乳油 1 500 倍液。如发生煤污病，可用清水擦洗或喷施 25% 多菌灵可湿性粉剂 300 倍液。

**2. 大田种植**

**（1）园址选择**

①气候条件　海拔 400 米以下，年平均温度 16℃ 以上，绝对最低气温 ≥−5℃，1 月份平均温度 ≥5℃，≥10℃ 年积温 5 000℃

以上。

②土壤条件　坡度 25°以下,土壤质地优良,疏松肥沃,有机质含量在 1.5% 以上。土层深厚,活土层 0.6 厘米以上,地下水位 1 米以下,pH 值 5.5~7.5。

③立地条件　背风向阳,水源充足,交通方便,无大气污染。坡度 6°以下的,可因地制宜,建缓坡大块梯田;坡度 6°~25°的缓坡地、山地、丘陵,修筑等高梯田,梯田面宽 3.5~4 米,外高内低,梯高不超过 0.8 米,梯壁种植百喜草或其他草本植物。

④交通条件　干道宽 4~5 米,贯通或环绕全园,与园外公路相接;支道宽 3 米,横贯各小区,与干道连接;每隔 50~60 米修一条人行道,与支道及每台梯田相连接。

⑤排水条件　排水沟修建,园上方设拦洪沟,一般沟面宽 1~1.5 米,底宽 0.8~1 米,沟深 1 米左右,纵比降 1/200。园内设排水沟,宽、深各 0.5 米。水源条件较差的园地,按每 667 米² 蓄水量 30 米³ 的标准建蓄水池。

**(2)种植前准备**

①旱地的抽槽及施基肥、起垄　挖宽 1 米、深 0.6~0.8 米的定植槽,每 667 米² 填埋绿肥或厩肥 2 000~3 000 千克、磷肥 100~150 千克,肥与土分层压入槽内,每层厚 20 厘米左右,并施入适量速效氮肥,回填成垄,垄高出地平面 30 厘米。回填在定植前 2~3 个月完成,待填土沉实和肥料腐熟后定植。

②水田的抽槽及施基肥、起垄　水田调整首先建好纵沟、横沟和围沟,纵沟深 1 米以上。高坎水田同旱地抽槽。低洼水田应采用高垄栽培方式。根据定植规格放线,每 667 米² 填埋绿肥或厩肥 2 500~3 000 千克、磷肥 100~150 千克,肥与土分层压入槽内,每层厚 20 厘米左右,回填成垄,垄高 0.3~0.5 米,面宽 1 米,起垄在定植前 3 个月完成。

③扦插为主　扦插,在 6 月下旬至 7 月上旬进行。选取 1~2

年生健壮枝条作插穗,基质用 60% 壤土和 40% 沙土的混合土。扦插后要蔽荫遮风,保持土壤湿润,经 2 个多月即可发根移植。

**(3)肥水管理**

①施肥　土壤施肥应勤施、薄施,幼树以氮肥为主,配合施用磷、钾肥。生长期每 15 天施肥 1 次,顶芽自剪至新梢转绿前增施叶面肥,8~11 月份停止使用速效氮。1~3 年生幼树单株年施纯氮 100~400 克,氮、磷、钾比例以 1∶0.3∶0.5 为宜。施肥量由少到多逐年增加,施肥方法以浅沟施和撒施(小雨前、大雨后)为主。成年树依产定肥,氮、磷、钾比例以 1∶0.5∶1 为宜。

②灌溉　定植后第一年对水分极其敏感,特别是高温季节,若遇连续干旱,应每 7 天浇水 1 次,同时树盘覆草。当田间最大持水量低于 60% 时进行灌溉,多雨季节及时清淤。

**(4)病虫害防治**　玫瑰花的主要病害是叶斑病,发生时多从叶缘开始,先出现褐色小斑,病斑扩展后呈不规则状,最后病斑上发生许多黑色粒状物并腐烂、干枯脱落。8~9 月份发病较重,遇高温高湿天气或有介壳虫危害时发病较重。防治方法:①加强管理,保持通风透光,每月向植株喷施 1 次 0.5% 硫酸亚铁溶液。②及时除虫。③发病初期用 50% 胂·锌·福美双可湿性粉剂 800~1 000 倍液喷雾防治,每隔 10~15 天喷 1 次,喷 2~3 次病情即得到控制。

玫瑰花的主要虫害是吹绵蚧,在室温过高、通风不良或高温高湿条件下易发生。其排泄物会伴随产生煤污病,严重时造成整个植株叶落枝枯。防治方法:用刷子刷除吹绵蚧,或喷施 40% 乐果乳油 1 500 倍液,在虫卵孵化期喷施效果更好。如果有煤污病同时发生,可用清水擦洗或喷洒 25% 多菌灵可湿性粉剂 300 倍液。

# 四、茉莉花栽培管理技术

## (一)概　述

　　茉莉原产于我国西部和印度,在热带和亚热带地区大量栽培,作盆花观赏和香花生产。茉莉喜温暖湿润,在通风良好、半阴环境生长最好,土壤以肥沃的微酸性沙质壤土为最合适。不耐干旱、湿涝和碱土,抗寒能力差,气温低于 3℃时,枝叶易受冻害,如持续时间过长则会死亡。因此,冬季防寒特别重要,霜降后要搬进室内,以利安全越冬。茉莉叶色翠绿、花朵洁白玉润、香气清婉柔淑,被人们誉为众香花之首,具有极高的观赏价值,同时也具有很高的经济价值。茉莉花是我国重要的茶用香花,用茉莉花与茶叶窨制茉莉花茶,茶叶浓郁爽口,兼蓄芬芳的花香,茶叶、花香融为一体。茉莉花茶不仅我国人民普遍喜爱,在国际市场上也独树一帜,享有盛名。茉莉花是提取香精的重要原料,还可供药用。作为窨茶的香花进行栽培,能发挥出较高的经济价值。

## (二)栽培技术要点

　　**1. 园地选择**　茉莉花原产亚热带,适应高温、沃土的环境条件,喜光怕阴、喜肥怕瘦、喜酸怕碱、喜气怕闷。因此,生产中在选择园地时,应尽量接近其适宜的生态环境,选择光照充足、土层深厚、土壤肥沃偏酸、水源充足、排灌良好、交通方便的土地种植茉莉花。同时,茉莉花进入采花季节后,每天必须采花运往加工厂,采花的天数每年在 200 天以上,所以种植地应在离茉莉花加工厂 10 千米以内,以便于运花和销售。

　　**2. 品种选择**　茉莉花属木樨种,常绿攀援灌木。据调查,目前我国茉莉品种有 60 多个,其中栽培品种主要有单瓣茉莉、双瓣茉莉和多瓣茉莉 3 种。单瓣茉莉植株较矮小,株高 70~90 厘米,茎枝细小,呈藤蔓形,故有藤本茉莉之称。其花蕾略尖长、较小而轻,产量比双瓣茉莉低、比多瓣茉莉高,不耐寒、不耐涝,抗病虫能力弱。双瓣茉莉是我国大面积栽培的用于窨制花茶的主要品种,株高 1~1.5 米,直立丛生,分枝多,茎枝粗硬,叶色浓绿,叶质较厚且富有光泽。花朵比单瓣茉莉、多瓣茉莉大,花蕾洁白油润,蜡质明显。花香较浓烈,生长健壮,适应性强,鲜花产量(3 年生以上)每 667 米² 可达 500 千克以上。多瓣茉莉枝条有较明显的疣状突起,叶片浓绿色。花紧实、较圆而小,顶部略呈凹口。多瓣茉莉花开放时间拖得太长,香气较淡,产量较低,一般不作为窨制花茶的鲜花。

3. **繁殖方法**　茉莉花开花后一般不结实(罕见结实),生产上只能采用无性繁殖,方法有扦插、压条、分株等。茉莉再生能力强,采用扦插法,发根快,成苗率高,与压条法、分株法比较,具有操作简便、节省材料等优点,因而被广泛采用。

(1) **扦插繁殖**　扦插繁殖在 4~10 月份进行。选成熟的 1 年生枝条,剪成长 10 厘米的段,去除下部叶片,插于泥、沙各半的插床,然后覆盖塑料薄膜,保持较高的湿度。插穗一般先发叶,2 个月后生根,以夏季扦插生根最快,成活率也较高。只要气温在 20℃以上,任何时候都可进行扦插,20 多天即可生根,华北地区在自然条件下以 6~8 月份为宜。扦插繁殖苗床育苗占地少,土地利用率高,每 667 米² 可繁殖 10 万株左右苗木。由于集中扦插在苗圃里,便于管理,有充分选择苗木的余地,因而苗木质量高、生长整齐,适合大规模生产用苗的要求,生产上广泛应用。

此外,还可结合全光照喷雾扦插。方法是选取 1~2 年生健壮枝条,截成 10 厘米左右长的枝段,注意上、下各留 1 个节芽斜插入以粗沙为基质、底温为 25℃左右的插床中。插后经常喷水并覆盖塑料薄膜保湿,2 周左右即可生根,1 个月左右即可移栽。只要温度合适,一年四季均可进行,冬季可用地热线加温的方法。也可在温度较高的季节进行水插,简便易行,但要经常保持水质清新。

①扦插育苗操作步骤　一是选取插穗。繁殖用的插穗主要来源于每年大修剪时剪下来的枝条,可选择无病虫害、有一定粗度的壮年枝条,同一枝条以中下部为最好。二是选择苗圃。要求选择土质疏松肥沃、水源充足、排灌方便、交通便利的沙土或沙壤土地块。三是整地理墒。苗圃地在育苗前深翻晒白,耙细整平,四周挖好排灌沟。按墒面宽 120 厘米,沟宽 25 厘米、深 20 厘米开沟理墒,要求墒面平整、土粒细碎。将苗床充分浇湿后,用芽前除草剂——都阿合剂 150 毫升/667 米² 兑水喷洒苗床。冬季育苗在苗床上覆盖地膜。四是插条剪取及处理。将每年大修时剪下的枝条收集在荫蔽处,组织人力进行剪插条。操作方法:选择有 2~3 个节、长度为 10 厘米左右的枝条,剪去叶片,上端离腋芽 1 厘米左右处剪平,下端离腋芽 1 厘米左右处剪成 45°斜口,按 80~100 根一捆绑好,将剪好的插条在阴凉处保湿存放。扦插前对插条进行药剂处理,先用 45%咪鲜胺乳油 1 000 倍液浸泡 3~5 分钟,捞出晾干。再用 50 毫克/千克生根粉溶液浸泡 20~30 分钟,捞出后按 12 厘米×4 厘米的株行距扦插在苗床上,扦插时插条顶端离土面 3 厘米左右。每 667 米² 可扦插约 15 万根插条。

②苗床管理　扦插后苗床要保持土壤湿润,晴天注意除草,确保无杂草盖苗。苗木小、根系少,要施水肥,最好用清粪水浇施,薄施勤施,每个月施肥 1 次。苗床发现病虫危害要及时进行防治,可用 40%菌核净可湿性粉剂 1 000 倍液+90%杀虫单可湿性粉剂 1 000 倍液每月喷洒 1 次。苗木扦插 6~8 个月后,长至 2 个以上分枝、两层根系、30 厘米以上的高度时即可出圃。

**(2)压条繁殖**　选取较长的枝条,于 15 厘米处,最好在节下部轻轻刻伤,埋入盛沙泥的小盆,经常保湿,2~3 周后开始生根,2 个月后与母株割离成苗,即可另行栽植。压条繁殖是利用茉莉植株下部萌生的枝条或具有一定长度的枝梢,把其中一段压入土中,使其生出新根、剪离母枝后即成为独立的新植株。前提是必须有茉莉花的母树,而且每丛母树可压的枝条不多,无法满足大量的种苗供应,一般用于盆栽和缺塘补苗。

(3) **分株繁殖** 茉莉是丛生灌木,且根茎部位能产生许多不定根,2 年生以上植株常有数条茎枝,可把这些带根的茎用来分株繁殖。此法的前提是必须有 2 年生以上的茉莉花母树,而且繁殖数量较压条和扦插少,不能满足大规模栽培的需要。

4. **移栽技术** 有灌溉条件的地方一年四季均可进行移栽,但以春、秋两季最佳,不但适合茉莉花根系成活生长,而且当年种植当年即可采收。夏季气温太高,不适应茉莉根系生长,移栽时叶片还容易被晒干而影响成活。冬季气温低而且风大,容易吹干叶片,茉莉花生长缓慢而影响成活。

(1) **栽培规格** 为了方便整理,应起墒种植,墒宽以有利于施肥、培土、采收为原则,一般墒宽 120 厘米、墒高 20 厘米、墒沟宽 25 厘米。在墒面两边各挖一宽 30 厘米、深 10 厘米的种植沟,按株距 25 厘米、行距 60 厘米,每 667 米$^2$ 栽植 4 000 株。

(2) **移栽方法** 选择株高 30 厘米以上,2 个以上分枝、两层根系、叶色正常、植株健壮、无病虫害的种苗,剪去 25 厘米以上的枝叶,剪去过长的根系,用 0.1%咪鲜胺+0.3%普钙溶液蘸根处理 3~5 分钟后定植。按株距 25 厘米定植在种植沟内,栽正、栽直、根系顺直并与土壤结合,无空洞和裸露根系现象。栽后浇足定根水,墒面上用蔗渣、稻草、甘蔗叶等进行覆盖。

5. **管理技术** 栽培茉莉,浇水是关键,盛夏季节应每天早、晚浇水,如空气干燥,需补充喷水,中午浇水易伤根。冬季休眠期,要控制水量,盆土过湿,会引起烂根或落叶,严重时全株死亡。茉莉十分耐肥、喜光,生长期每周施稀薄饼肥水 1 次,休眠期停止施肥。栽培地点宜选择阳光充足的庭院空旷地,如阳光不足,容易徒长,造成叶大节稀,影响着花。茉莉枝条萌发力强,春季换盆后,要注意经常摘心整形。盛花期后需重剪更新,萌发新枝并利于整齐粗壮,开花大而旺盛。茉莉常有卷叶蛾和红蜘蛛危害顶梢嫩叶,咬成网状空洞,影响生长和美观,应注意防治。

(1)**温度**  茉莉喜温暖气候,不耐寒,经不起低温冷冻,在3℃或轻微霜冻时受害;月平均温度9.9℃时,叶大部分脱落,但枝条是绿色的,开始休眠;冬季可放在10℃以上的室内越冬;-3℃时枝条受冻害,25℃~35℃是最适生长温度,当气温在20℃以上时就开始孕蕾并陆续开花;气温高于30℃时花蕾的发育和形成加快,而且花香更加浓烈。

(2)**湿度**  生长期要有充足的水分和潮湿的空气,空气相对湿度以80%~90%为好。茉莉不耐干旱,但也怕渍涝,在缺水或空气湿度低的情况下,新枝不萌发。茉莉怕积水,基质过湿容易烂根落叶,甚至死亡,因此盆底托盘内不应长时间积水。

(3)**光照**  茉莉喜光稍耐阴,为强阳性花卉,喜强光。因此,一般不适宜家庭室内栽培,尤其是不宜楼房内种植。夏季高温潮湿、光照强,开花最多、最香;光照不足,则植株生长细弱、节间长。

(4)**肥水**  在生长期间应每10~15天浇1次0.2%黑矾水或发酵的稀矾肥水,或发酵的鱼腥水(宰鱼后的全部下脚料和污水加入适量黑矾一起发酵),效果非常好。开花期需肥量大,需每周浇肥1~2次。

(5)**基质及用盆**  以疏松、肥沃的微酸性沙壤土及壤土为宜,pH值5.5~7。无土栽培可选用草炭:蛭石=1:1或草炭:锯末:河沙=2:1:1。也可参考用完全燃烧过的煤球渣作为混合基质的一种。盆栽用盆以素烧盆最好,如果用塑料盆则栽培基质一定要排水良好。上盆定植后,第一次浇水一定要浇透。每年需换盆1次。

(6)**其他栽培措施**  对花后枝要进行适当修剪,一般枝条留20厘米长,其余部分应剪掉;太老的枝条应从基部剪掉,促其萌发健壮的新枝条。茉莉在生长季节喜欢大肥、大水和晒太阳,入室后也应加强光照。

### (三)茉莉夏季管理要点

夏季干燥闷热,特别是6月底至8月初阳光相当强烈,阳台盆栽茉莉叶片容易晒焦枯,因此夏季茉莉管理应注意以下几点。

1. **勤浇水防干枯**　夏季气温高且干燥,阳台上盆栽茉莉水分蒸发量大,盆土易干裂,如不及时浇水保持盆土湿润,容易引起叶片枯黄,影响花蕾的形成。一般每天早晨浇透水,傍晚再适当补浇1次即可,切忌中午烈日下浇水。如果在中午时因缺水茉莉叶片下垂,只能将其移到阴凉处待盆土表面温度下降了再浇。第一朵花初露白色时,应进行控水,可在盆壁出现裂缝、嫩叶和花蕾开始萎蔫下垂时浇水,以控制其他枝叶生长,让养分集中供给花枝。

2. **合理施肥促花蕾**　入夏后,新枝渐呈现木质化,此时也是开始有蕾的时期,如果施肥不当,容易造成只长叶不开花。因此,应施放少量以磷为主,氮、磷结合的无机肥料2～3次,每隔10天施1次,促使多育花蕾。当第一次花将要凋落时,增加施肥的次数与浓度,在盛花期可3天施浓肥1次。在最后1对花开放后施肥应以磷、钾肥为主,以提高枝条的成熟度。

3. **注意防治病虫害**　病枝、病叶及时剪除清理,少量的介壳虫、蚜虫若发现应马上摘除,也可喷施农药。可用65%代森锌可湿性粉剂500倍液喷雾,7～10天后再喷雾1次,以达到防病治虫的目的。最易发生的虫害为红蜘蛛,发生期可喷洒40%乐果乳油或80%敌敌畏乳油1 000～1 500倍液防治。一般每10～15天喷洒1次广谱性杀菌药预防病害。

### (四)茉莉秋季管理技术要点

秋季是茉莉由开花转入休眠的过渡时期,这段时间如管理不当,易引起植株徒长或停止生长,不利于其安全越冬,甚至影响翌年开花。

1. **光照充足**　茉莉喜光,秋季应将其从半阴处搬到阳光充足的地方,使植株充分接受光照,及时供给枝条生长所需的营养,使其安全越冬。

2. **肥水适宜**　9月下旬至入室前气温有所下降,植株蒸腾量随之减少,可每3~4天浇1次透水。秋季给茉莉施肥应逐渐递减,否则易使植株徒长。

3. **防治虫害**　秋季是茉莉虫害的又一高发期,此期植株易遭受介壳虫、红蜘蛛和蚜虫的侵害。如有发生,数量较少时可人工清除;数量较多时,用40%乐果乳油1 000倍液喷杀蚜虫和红蜘蛛,用80%敌敌畏乳油1 200倍液喷杀介壳虫。

4. **适当修剪**　茉莉在秋末入室前应适当修剪,主要是将病虫枝、细弱枝、干枯枝及时剪去。为了株形美观,还应将下垂枝、内生枝剪去。

5. **适时入室**　秋末气温低于12℃时应及时移入室内,以防遭霜冻。

# 五、百合花栽培管理技术

## (一)概　述

百合花为百合科多年生草本植物,原产于我国、日本、朝鲜等,性喜湿润、光照,要求肥沃、富含腐殖质、土层深厚、排水性良好的沙质土壤,多数品种宜在微酸性至中性土壤中生长。百合花的种类很多,花色丰富,花形多变,花期较长(自春至秋),具浓香味,是世界著名花卉之一。百合花既适合盆栽观赏,又适宜地栽作切花,地下鳞茎还可供食用和药用,有润肺止咳、清心安神之功效。

栽种百合花,北方地区宜选择向阳背风处,南方地区可栽种在略有遮阴的地方。种植时间以 8~9 月份为宜,种前 1 个月施足基肥,深翻土壤,可用堆肥和草木灰作基肥。栽种宜较深(一般深度为鳞茎直径的 3~4 倍),以利根茎吸收养分。北方地区如栽种太浅,冬季易受冻害,并会影响根须和小鳞茎的生长。生长期间不宜中耕除草,以免损伤根茎。有条件的可在种植地面撒一些碎木屑覆盖土壤,这样既可防止杂草生长,又可保墒和降低土壤湿度,以利鳞茎发育。

## (二)繁殖方法

1. **播种繁殖法**　播种属有性繁殖,主要在育种上应用。方法是秋季采收种子,贮藏至翌年春天播种,播种后 20~30 天发芽。幼苗期适当遮阴,入秋时地下部分已形成小鳞茎,即可挖出分栽。播种实生苗因种类的不同,有的 3 年开花,也有的需培养多年才能开花,因此家庭不宜采用。

2. **分小鳞茎法**　如果需要繁殖 1 株或几株,可采用此法。通常在老鳞茎的茎盘外围长有一些小鳞茎,在 9~10 月份收获百合时,可把这些小鳞茎分离下来,贮藏在室内的沙中越冬,翌年春季上盆栽种。培养到第三年 9~10 月份,即可长成大鳞茎而培育成大植株。此法繁殖量小,只适宜家庭盆栽繁殖。

3. **鳞片扦插法**　此法在繁殖中等数量时采用。秋天挖出鳞茎,将老鳞上充实、肥厚的鳞片逐个掰下来,每个鳞片的基部应带有一小部分茎盘,稍阴干,然后扦插于盛河沙(或蛭石)的花盆或浅木箱中,将鳞片的 2/3 插入基质,基质保持一定湿度,在温度 20℃ 条件下约 45 天鳞片伤口处即生根。冬季温度宜保持 18℃ 左右,河沙不要过湿。培养到翌年春季,鳞片即可长出小鳞茎,将小鳞茎分离出来栽入盆中,精心管理,培养 3 年左右即可开花。

4. **分珠芽法**　此法仅适用于少数种类,如卷丹、黄铁炮等百合多用此法。方法是将地上茎叶腋处形成的小鳞茎(又称"珠芽",在夏季珠芽已充分长大,但尚未脱落时)取下来培养。从长成大鳞茎至开花,通常需要 2~4 年的时间。为促使多生小珠芽供繁殖用,可在植株开花后,将地上茎压倒浅埋土中,或将地上茎分成带 3~4 片叶的小段浅埋于湿沙中,叶腋间均可长出小珠芽。

### (三)栽培管理

1. **盆栽**　盆栽宜在 9~10 月份进行。培养土宜用腐叶土、沙土、园土按 1∶1∶1 的比例混合配制,盆底施足充分腐熟的堆肥和少量骨粉作基肥。栽种深度一般为鳞茎直径的 2~3 倍。百合对肥料要求不很高,通常在春季开始生长及开花初期酌施肥料即可。国外一些栽培者认为,百合对氮、钾肥需求较大,生长期应每隔 10~15 天施 1 次,磷肥则要限制供给,以免磷肥偏多而引起叶片枯黄,开花期可增施 1~2 次磷肥。为使鳞茎充实,开花后应及时剪去残花,以减少养分消耗。浇水只需保持盆土潮润即可,但生长旺季和天气干旱时需适当勤浇,且需经常在花盆周围洒水,以提高空气湿度。盆土不宜过湿,否则鳞茎易腐烂。盆栽百合花每年换盆 1 次,换上新的培养土和基肥。此外,生长期每周还要转动花盆 1 次,否则植株容易偏长,影响美观。

2. **大田种植**　在北方地区,切花百合冬、春、秋 3 季均需在温室栽培,夏季可露地栽培。栽培切花百合要注意以下几个环节。

(1)**整地**　深翻土壤 30 厘米,每 667 米² 施草炭或腐烂的落叶松松针 2~3 米³、硫酸亚铁 3~5 千克、膨化鸡粪等有机肥 500~1 000 千克,并加 5%福美双可湿性粉剂 1.5~2.5 千克消毒。土壤 pH 值呈 6~6.5 的微酸性。

(2)**做畦床**　做高 20 厘米、宽 80~100 厘米的高床,两床之间留步道 40 厘米,畦床长依环境而定。

(3)**栽植**　栽植时间应依供花时间和品种的生育周期两项指

标确定。生产中要采用休眠期已过的种球,休眠期依品种不同而有差异,一般叶黄起球后在 0℃~4℃ 条件下 80~120 天即可打破休眠。种球消毒可用多菌灵拌种,1 千克种球用药 5~10 克。也可用 2% 高锰酸钾溶液浸种 10 分钟后种植。栽植时先把床面上深 8 厘米左右的土层扒向一侧,然后用量好尺寸的钉子板或树根打孔定距离,一般中等大小的种球春秋季种植密度为 13 厘米×13 厘米,大球应加大 1 厘米,小球应缩小 1 厘米,冬季距离略大,夏季应密些,一般每 667 米² 植 2 万球左右。打孔后把种球摆放在孔上,然后扒床面一侧的土填回、搂平。

(4)**水分管理** 栽植后用滴灌或喷灌方法浇透水,除夏季外禁止大水漫灌法。以后床土见干就浇水,浇到上层干土与下层湿土相接为准。忌积水,以防烂根。太干燥的天气可向叶面喷水,空气相对湿度保持 70% 左右。

(5)**温度管理** 种球栽植至出苗需 20~30 天,此间温度应低些,以 12℃ 左右为宜,以利生根。出苗后提高温度,东方百合和麝香百合,白天温度保持 15℃~25℃、夜间 13℃ 以上;亚百合夜温允许 8℃,甚至短期 5℃。温度不适宜,百合宜染多种病害。冬季栽培要用燃油炉或小锅炉等方法加温,夏季需通过覆盖遮阳网或地面盖草等方式降温。

(6)**光照管理** 冬季栽培百合,应尽量选用日照中性的百合品种,不要选用长日照百合品种,而春、夏、秋 3 季则长日照品种也可应用。百合较喜光,不太耐阴,冬季补光生长更佳;如不补光则要尽量早揭、晚盖草苫,以延长光照时间。夏季栽培采用 30% 遮光度的遮阳网遮去部分强光,有利于百合植株长高和花朵加大。

(7)**营养管理** 小苗茎上叶片展开后开始追肥,每 10~15 天追施化肥 1 次,每次每 667 米² 用磷酸二铵和硝酸钾各 4~5 千克混施。株高 60 厘米左右时,每 7~10 天叶面喷施 2%~3% 磷酸二氢钾溶液 1 次。如叶面整体发黄应喷施 0.5% 尿素溶液,如小叶发黄则喷施 0.1%硫酸亚铁溶液,同时加铜、锌等微肥。花蕾 6 厘米长时,停止追肥。

（8）**拉网**　百合植株高大、超过 1 米,冬季温室栽培要拉网。可定制同栽培株行距一致的尼龙网,在株高 60 厘米左右、花序未展开时,在床面四周打木桩或铁桩张网,随着植株长高网可上提至花序下部。当花序下部有 1～2 朵花蕾露出花色、即将开放时,即可切取花枝上市。

3. **常见病害防治**

（1）**百合花叶病**　此病又叫百合潜隐花叶病,发病时叶片出现深浅不匀的褪绿斑或枯斑,被害植株矮小,叶缘卷缩,叶变小,有时花瓣上出现梭形淡褐色病斑,花畸形且不易开放。防治方法:选择无病毒的鳞茎留种;加强对蚜虫、叶蝉防治;发现病株及时拔除并销毁。

（2）**斑点病**　初发病时,叶片上出现褪色小斑,扩大后呈褐色斑点,边缘深褐色。以后病斑中心产生许多小黑点,严重时,整个叶片变黑而枯死。防治方法:摘除病叶,用 65%代森锌可湿性粉剂 500 倍液喷洒 1 次,防止蔓延。

（3）**鳞茎腐烂病**　发病后,鳞茎产生褐色病斑,最后整个鳞茎呈褐色腐烂。防治方法:发病初期,浇灌 50%代森铵可湿性粉剂 300 倍液。

（4）**叶枯病**　多发生在叶片上,一般从下部叶片的尖端发病,发病后产生大小不一的圆形或椭圆形不规则状病斑,因品种不同,其病斑浅黄色至灰褐色不等。严重时,整片叶枯死。防治方法:加强管理,温室栽培注意通风透光;发病初期摘除病叶,每 7～10 天喷洒 1%等量式波尔多液 1 次,或 50%肿·锌·福美双可湿性粉剂 800～1 000 倍液,连喷 3～4 次即可。

# 第七章
# 其他特色经济作物类

## 一、油茶栽培与加工

### (一)油茶栽培管理技术

1. **概述**　油茶是我国特有的木本食用油料树种,也是福建闽北地区的优势资源,许多地方都有种植油茶的习惯。闽北栽培油茶地理环境优越,改革开放初期达 5.3 万公顷之多。发展油茶产业,既可绿化和改善生态环境,又可提高林地资源利用水平,增加食用油供给能力,满足人们对良好生态环境和天然绿色产品的需求,维护国家粮油安全,带动农民增收致富。油茶综合利用产业链长,具有较好的生态效益和经济效益,产业发展的潜力大、前景广。

油茶以种子、插条或嫁接进行繁殖,为保持亲本的优良性状,多采用插条或嫁接育苗,然后进行栽植造林。最适造林季节是立春至惊蛰,也有在 10 月份进行的。油茶喜生长在光热充足、雨水充沛、海拔在 500 米以下的亚热带季风湿润气候区的红壤、红黄壤丘陵山地。

### 2. 油茶直播造林

（1）**林地选择**  在海拔 500 米以下的丘陵、山冈、平原地区，选择阳光充足，坡度 25°以下，土层深厚、土质疏松、肥沃湿润、排水良好的酸性土壤种植油茶（pH 值 5～6）。尽量避免选择高山、长陡坡、阴坡及积水低洼地。

（2）**选种**  油茶采种要把好片选、株选、果选、籽选 4 道关，选取粒大、饱满、种壳黑褐色、无病斑、有光泽的新鲜优质种子。种子贮藏注意：茶果采回后，不能堆沤、不能暴晒，应薄薄地摊在空气流通、干燥的地方，让其自然开裂脱粒，种子在室内风干后贮藏。一般用湿沙在地面上层积贮藏，也可采用窖藏。

（3）**细致整地**  在造林前 1 年的夏秋季节进行整地。山区在整地前 1 年要进行砍山、炼山。整地方式有全面整地、带状整地、块状整地等，生产中要因地制宜选用合适的整地方式。

（4）**备耕**  在宜种植的地方，按株行距 2 米×3.3 米开穴备耕，先将直播地方整理成 40 厘米×40 厘米的平台，再在平台内侧开 1 个 10～15 厘米深的长形小穴，目的是用于蓄水，防止干旱。

（5）**点播**  在平台内的小穴内放置 3 粒种子，呈三角形散放，注意种子一定要贴紧实土，利于种子吸水发芽。播后覆土宜浅，盖土要细，并覆盖秸秆或稻草，防止禽鸟叼食和水分蒸发。另外，为防止兽、鼠危害，可用药剂拌种。

### 3. 油茶低产林改造

（1）**嫁接时间**  春、夏、秋 3 季茶树生长期间均可进行嫁接，其中 3～6 月份嫁接效果较好。

（2）**砧枝选择**  在油茶低产林内选择 15～35 年生、生长旺盛、无病虫害的油茶树作砧木树。在砧木树上选择 3～7 个分布均匀、直径 2～5 厘米的主枝作砧枝。每株砧木树除砧枝外，应留 1～2 个主枝作营养枝，每个砧枝必须保留 1～2 个辅养侧枝，其余全部疏除。

（3）**砧穗组合**　同一株砧木上的接穗,必须从花期相近、长势相似的母树上采集,以使嫁接后的树冠发展均衡。砧木基径较粗的宜选用生长较快、花型较大的品种接穗,砧木基径较小的宜选用叶片、花型较小的品种接穗。一株砧木树,可接多品种接穗,形成一枝一品、多色多彩的树冠。

（4）**接穗采集**　选择生长旺盛、无病虫害的优良名贵品种的山茶花作采穗母树。在母树树冠上部外围,剪取发育健全、芽眼充实、径粗 0.2~0.5 厘米的木质化或半木质化壮枝作接穗。把穗枝按品种捆成小把,基部包上湿卫生纸,随采随嫁接。冬季采集的接穗,应用湿沙贮存,一层湿沙(湿度以手握不出水为宜)一层接穗,最后盖沙遮草,待嫁接时用。

（5）**嫁接**　嫁接常用断砧枝拉皮接和形成层对接法。嫁接后用塑料膜带把接口包扎好,再包上保湿用的塑料膜和遮阴用的牛皮纸。

（6）**嫁接后的管理**

①解绑与剪砧　嫁接后,30 天左右在阴天或傍晚解除保湿膜,60 天左右解除绑带和遮阴纸,90 天左右剪去接位以上的砧体。此后再分 3 次剪去砧木营养枝和砧枝上的辅养枝及其砧体萌蘖。

②施肥与灌水　冬季每株环沟施饼肥或其他优质有机肥 1 千克,春夏浇施过磷酸钙、磷酸二氢钾、尿素等肥液;花芽分化期和花芽膨胀期进行叶面施肥,肥料浓度宜在 0.3% 左右。春、夏、秋是茶树生长季节,需水量大,应见干浇水;冬季茶树进入休眠期,保持土壤湿润即可。

③病虫害防治　煤污病是茶树的主要病害,由介壳虫引起。防治介壳虫用 48% 毒死蜱乳油 1 000 倍液喷杀,每 10 天 1 次,连喷3 次即可。防治天牛和茶蛀梗虫蛀食茶秆,用棉花蘸 80% 敌敌畏乳油 2 倍液,塞蛀孔毒杀。茶树嫩枝叶易受刺吸式和咀嚼式口器害虫食害,可用 48% 毒死蜱乳油 1 500 倍液喷杀。

## (二)茶油加工技术

**1. 茶油提取工艺**  油茶籽经过压榨获得压榨原茶油后,油饼内残存茶油,再用浸出法充分地抽提出来,即获得浸出原茶油。

**(1)压榨法**  用物理压榨方式从油茶籽中榨取山茶油,渊源于传统作坊的制油方法,是传统的提取工艺。先采用压榨法获得原茶油,然后对其进一步精炼得到压榨茶油,根据其精炼程度分为一级压榨茶油和二级压榨茶油。一级压榨山茶油是最高标准,炼制需经过碱炼、水洗、脱色、脱臭等多道工艺,成本会上升很多,营养成分也会有所损失。

**(2)浸出法**  利用物理化学原理,采用食用级溶剂从油茶籽中抽提出山茶油的一种方法。浸出茶油:这种茶油通过压榨获得压榨毛油,再将压榨后的残渣(油饼)通过浸出法获得原茶油,与压榨法获得的原茶油混合后精炼得到的茶油。浸出一级油是国标食用茶油中纯度最高的。

只经过压榨或浸出这第一步提取工艺得到的茶油叫原茶油,原茶油是不能吃的。压榨原茶油和浸出原茶油都须通过碱炼、脱色、脱臭等精炼过程,去除茶油中的杂质,才能使之符合国家标准,成为可食用的成品野山茶油。对上述两种油脂提取工艺,企业一般都是按需选用,用其所长,互作补充,因此往往在同一企业采用压榨和浸出两种方法。也有一些小企业或只有压榨法制取工艺设备或只有浸出法制取工艺设备,因而只能采用1种生产工艺。

压榨茶油及二级、三级、四级浸出茶油在低温条件下保存均会出现乳白色絮状结晶物,外界温度高时自然会消失,这是正常现象,不影响食用。但一级浸出茶油不会出现此现象,这是由于一级浸出茶油通过冷冻处理去除了茶油中的固体脂肪酸和蜡质成分,因此浸出一级茶油是精炼程度最高的国标食用油。如果用纯度表达,那么浸出的一级茶油才是纯度最高的国标茶油。

2. **从原茶油到成品山茶油** 不管是压榨法还是浸出法制取的原茶油,都不能直接食用。原茶油中含有种种杂质,包括原料中的、榨取或浸出过程中产生的,有些杂质对人体极为有害。原茶油需要经过进一步加工(即精炼),去除杂质,才成为可以食用的成品油。从原茶油到成品茶油的加工过程,一般包含脱胶→脱酸→水洗→脱色→脱臭→脱蜡等 6 步。也就是说,压榨和浸出只是制取原茶油的工艺过程,而要使原茶油变成成品茶油,必须经过一个物理化学过程的精炼。国家标准 GB 11765—2003 规定了食用成品山茶油的质量指标,包括色泽、气味、透明度、含皂量、不溶性杂质、酸值、过氧化值和溶剂残留量等项目的指标。其中,"酸值"、"过氧化值"和"溶剂残留量"为强制性指标。用国家标准方法检测,达标的即为可以食用的成品油。

# 二、仙人草栽培与加工

## (一)仙人草栽培管理技术

1. **概述** 仙人草是植物中的天然绿色食品,又叫仙草、凉粉草,为唇形科仙草属 1 年生草本植物。仙草植株形态有直立型、半直立型及匍匐型等多种。叶片有卵圆形、椭圆形、长椭圆形等,叶缘锯齿状,叶色有黄绿色、浅绿色及浓绿色。茎呈方形,颜色有绿色、淡紫红色、深紫红色等,茎蔓长可达 1.5 米。仙草生长期为 140～180 天,一般在农历 1～5 月份种植,农历 5～8 月份采收。仙草在温度 15℃～35℃条件下生长良好,喜温暖湿润,苗期较怕长期干旱。仙草是植物中的天然绿色食品,性凉,味甘淡,具有消暑、解渴、除热毒、利尿等功效,其茎叶是化学工业和食品工业的重要原料,用途十分广泛。

自古以来,闽北人就有食用仙人草的历史。当地民众到山上采割野生仙人草做成仙人草冻食用,并且这种习惯历代相传。在炎热的夏天,辛苦劳作之余,一碗清凉的仙人草冻是首选的解渴、清热消暑的佳品。农历入伏吃仙人草冻是闽北人的传统习俗,据说这天吃了仙人草冻整个夏天就不会长痱子。据《纲目拾遗》卷四记载,仙人草具有清暑、解热、利水的功能,有清热消暑、降血压、减轻关节肌肉疼痛等作用。仙人草全草干样含有约70%的碳水化合物及少量的蛋白质、黄酮类物质、多糖类物质、香精素、脂肪、咖啡色素等,还含有较多的矿质元素。仙人草中的多糖类物质具有增强和提高机体免疫力的作用;香精素有镇静、清凉解毒、利水的功效;维生素能调节和增强生理功能;微量元素具有抑制自由基形成、养颜、抗衰老的作用。《中国医学大词典》中记载:仙人草"茎叶秀丽,香犹藿檀,夏日取汁,凝坚成冰",有"泽颜、疗饥"之功效……是一种宝贵的药、食两用的东方植物资源。目前,开发的仙人草系列产品有仙人草蜜、即食仙人草冻粉、仙人草保健凉茶、仙人草可乐型饮料、速溶仙人草、提取咖啡色素等。

2. 栽培技术要点

(1)育苗　仙人草育苗时间一般在农历1月中旬至5月中旬,目前一般通过枝条扦插进行育苗。每667米² 育苗量按种植用苗2 000~2 500株计算。在准备好的地里施有机肥,不能施用化肥。施肥后整地,做适合育苗管理的长方形畦,畦宽一般为1.5米。先把选好的仙人草鲜苗剪成8~10厘米长,并排栽在整理好的畦里,苗间距为5厘米×6厘米,栽种深度为苗长的2/3。栽后用勺子浇透水,温度低时盖上塑料白膜(用竹片拱起)。气温高时育苗,仙人草苗栽时要蘸泥浆,栽后用遮阳网遮阴5~10天,并及时浇水保湿,以防新苗被晒干。仙人草苗栽种8~10天后浇施水肥1~2次,水肥浓度要低。一般培育时间为15~30天,当新苗长至18~25厘米高时即可移至大田种植。

（2）**选地**　仙人草的适应性较强,在山坡地、水田、普通农田均能生长,但最好选择水源充足、土壤肥沃、不会淹水、灌排方便的田地种植。可用农地、开荒地种植,或在阳光充足的刚种果树的果园或造林山地上套种,使土地得以有效利用;也可在山沟田种植。如果是烂泥田要把排水沟开深一些使水排干,如果用干旱地种植可早种早收。如果连续多年在同一块旱地种植,则仙人草易发病害,会减产且质量差。因此,应尽量采用轮作方式种植,最多连种2年,以获得较高的品质和较好的效益。

（3）**整地施肥**　整地分粗整地和细整地。粗整地是将还有作物残株的土地深翻,掩埋松土。此时最好将部分有机肥和化肥撒施混埋,施肥是可视土壤肥力适度增减。用黑地膜覆盖种植仙人草,一定要施足基肥,整地前每 667 米$^2$ 施有机肥 500~1 500 千克、磷肥 50~100 千克、三元复合肥 35~50 千克,而后进行深耕。细整地是将粗整的地再进行表面碎土,细整做畦,即把地整成宽 1.5~1.8 米、高 20~30 厘米,长度适当的方块畦。在移栽前一段时间进行整地,整地后及时覆盖黑地膜。如果是积水田要把排水沟开深一些;如果土太干,最好浇灌些水使土壤湿润,再把水排干。

（4）**栽植**　栽植时,先用木棍透过黑地膜进行打穴,或用小锄头在地膜上挖穴,打穴规格为 50 厘米×60 厘米。仙人草苗应带土栽植,适当深栽一些,栽植后浇施低浓度水肥即可。

（5）**田间管理**　①黑地膜覆盖几乎不用除草,省时省工;但需注意及时浇灌,保持土壤湿润。仙人草种植后 30~50 天,在沟边有杂草时可用除草剂喷洒杂草,但一定要注意不能喷洒到仙人草。种植 35~60 天,当仙人草苗快要盖满地面时,应及时把黑地膜去除。除去黑地膜后及时中耕锄草、修整边沟,同时每 667 米$^2$ 施硫酸钾复合肥 15~17.5 千克。之后每隔 20~30 天施肥 1 次,每次每 667 米$^2$ 施硫酸钾复合肥 10~20 千克;不除去黑地膜的地块每次每 667 米$^2$ 只能施三元复合肥 7~7.5 千克。施肥要选择晴天进行,一般在上午9时以后至下午5时以前露水干后,一边撒施一边用软枝条或扫把将肥料从仙人草叶片上轻扫到地上去。如果施肥后的几天没有下雨应及时浇水。②仙人草适宜在高温湿润条件下生长,不能长时间水浸,若浸泡2天以上就会烂根。种植后要注意排灌、保湿、除草,干旱时要注意浇灌。仙人草病虫少,一般不施农药防治;如发现有虫,则宜用低毒农药喷杀。近年来大面积种植的发现有钻心虫危害,应在农历4~5月份喷施1~2次低毒低残留杀虫剂。有时会发生卷叶虫,也要及时用药杀灭。③仙人草种植应注意不能单一施用氮肥,特别是不能单一施用尿素。如果施用氮肥过多或土壤有机肥含量低,会出现缺钾现象,表现为叶片发红且叶片小,甚至停止生长,严重影响产量和质量。发生缺钾现象需及时补施钾肥或有机肥,可叶面喷施0.5%磷酸二氢钾溶液1~2次。同时,每667米² 施硫酸钾复合肥17.5~22.5千克,也可施用适量草木灰。

(6)**采收** 仙人草采收方法比较简单,采收方法有2种。

①采收二季 生长较好的仙人草在农历6月份前选采70%左右苗量。采割后补施有机肥和三元复合肥,并灌水保湿。盖黑地膜的要先去膜再施肥。

②采收一季 仙人草在当地种植一般一年收一季,农历7~8月份、在长花蕾前采收。采收时用镰刀将仙人草苗平地割断,理顺结成小把,除去根、杂质和泥土,整齐排放在地里晾晒,在地里晒至九成干后,收回家里再晒,晒干过程中不能淋雨。将晒干后的仙人草头向两边、尾部中间相连,捆成20千克左右的捆把。

(7)**贮藏** 晒干后的仙人草放在干燥、阴暗处贮藏保存。质量好的仙人草,其叶片比例大,胶质含量高,杂质少,不开花,不霉变,草味香浓。干仙人草经一段时间的贮藏后可提高仙人草的凝合强度和香气,但贮藏期间不能有霉变、虫蛀,不能潮湿。所以,贮藏地应选择干燥通风的场所,贮藏室地面要垫高或用薄膜将仙人草覆盖以防受潮发霉变质。仙人草只要不虫蛀、不发霉,贮藏 3~5 年不会影响产品质量。

(8) **留种**　仙人草留种苗,即在农历 6~7 月份再种植一批仙人草。方法是在生长良好的仙人草中选好秧苗,并剪成 8~10 厘米长。由于此时气温较高,仙人草苗要蘸泥浆培育,将种苗并排栽在整理好的地里,苗间距 5 厘米×6 厘米,栽种深度为苗长的 2/3。栽后用勺浇透水,再用遮阳网遮阴 5~10 天,注意及时浇水保湿。栽种 8~10 天后浇施低浓度水肥 1~2 次,培育 13~18 天,苗长至 15~20 厘米时即可移至大田种植。大田种植密度一般为 15 厘米×30 厘米,迟种植的密度要大些。种植后行距空间可盖些稻草,种植后 15~20 天结合进行除草、施肥管理,到冬天让其开花,不再收割。也可在采收后,保留有生长能力的宿根留种过冬。在下霜雪前用竹片起拱,覆盖薄膜越冬。开春后中耕锄草、施有机肥,如果温度低则要继续覆盖薄膜,温度升高时打开薄膜。

## (二)林地套种仙人草

1. **单植与套种**　选择地势平坦、土壤肥沃湿润、腐殖质含量较高的地块,挖除树蔸、茅草等,并深翻 15~25 厘米。翌年 4 月份按行株距 40 厘米×26 厘米定植,每 667 米² 栽植 6 000 丛左右。也可以在杉木林、柑橘园、杂果林地套种,以短养长,以耕代抚,增加收益。每 667 米² 稀疏林地或幼龄果园可套种仙人草苗 4 000 丛左右,可连续采收 3~4 年。

2. **施肥与除草**　仙人草生长迅速,每年可采收 3~4 次。为了促进生长,提高产量,必须施足基肥。定植后苗长至 16 厘米左右时,结合中耕除草,追施肥料 1 次。每次采收后均要中耕除草、追肥 1 次,促进生长,以保连续增产。

3. **病虫害防治**　主要病虫害有立枯病、锈病和尺蠖、地老虎等。发现病株应立即拔除烧毁,在种植穴撒施石灰或石灰乳或铜铵合剂或 0.5%~1% 硫酸铜溶液消毒。锈病,在发病初期可喷施 160 倍波尔多液 2~3 次。尺蠖,在大暑、白露期间危害较重,可捕杀之。地老虎在生长期间危害根茎,中耕时注意捕杀,并用敌百虫及鲜草毒饵防治。

4. 采收　仙人草采收期为 6~10 月份,每次采收间隔 45 天左右。长势良好的,一般每 667 米² 产鲜草 1 000 多千克。采收时用镰刀割取地上部匍匐茎,保留离地面 3~5 厘米的地上部分,让其继续生长。采收后立即晒干,扎捆出售。

## (三)仙人冻制作方法

把晒干的仙人草放入锅中熬煎,同时加入适量的食用碱,待煮透出汁时,将草渣捞起,过滤出仙人草汤。然后加入适量淀粉,边加热边不停搅拌,待汤汁呈糊状后倒入盆钵内冷却,即成仙人冻。冷却后的仙人冻呈黑色果冻状,需先切成大块在清水中漂洗,后盛于碗中,配以蜂蜜(或白糖)和香露,便可食用。

# 三、白莲栽培与加工

## (一)白莲栽培管理技术

1. 概述　白莲是闽北的传统特产之一,栽培历史悠久。改革开放的 30 多年来,白莲产业化为福建闽北的经济增长起了关键的作用。如何进一步提高白莲的产量和品质,仍然是目前农业科技工作者和广大莲农共同努力的目标。生产实践证明,白莲高产优质,品种是关键。白莲是以异花授粉为主的作物,依靠昆虫传粉,所以白莲的提纯复壮显得尤为重要。闽北地区白莲品种在 20 世纪 60~70 年代以建莲、百花莲等为主,80 年代后逐渐被赣莲系列的赣莲 61 和赣莲 65 取代。90 年代末以后,太空育种技术应用于白莲育种,培育出了太空系列优良品种,目前白莲主要的当家品种均为太空莲,品种有太空莲一号、太空莲三号及太空莲三十六号。

**2. 栽培技术要点**

(1)**选好田块** 种植白莲应选择土层较深厚、肥力中上等的壤土,并且要选阳光充足、水源条件好的田块;尽可能不选山高水冷的冷浸田及易受洪水冲刷的河滩地。在选田的同时还要考虑到合理轮作,一般种莲田块可保留 1 年宿苑莲,以后最好每隔 2~3 年再种一茬。有条件的农户最好间隔 3~5 年,以改良土壤结构,减少病虫害的发生,调剂土壤养分和恢复地力。

(2)**选好种藕** 白莲整个生长期长期积水,应考虑到土壤的通透性,整地一般应掌握两犁一耙为好。有绿肥的田块应在春分前后每 667 米² 撒施生石灰 50 千克,然后进行翻沤。清明前后移栽完毕。

种藕的好坏直接关系到白莲的出苗速度、生长势及丰产性,所以挖种藕时,首先要考虑上年的品种及该田块的产量、有无病害情况,上年发生病害的田块品种再好也不能作种藕。挖种藕应在移栽的前 1 天进行,如面积过大应采取边挖边消毒边移栽的方法,尽可能缩短种藕停放时间,以减少种藕的养分消耗。应选莲藕肥大粗壮、有 3 个节带有子藕的藕鞭作种藕,带有孙藕的更佳,选用最少要有 1 个主芽、2 个侧芽的母藕作种。

(3)**合理密植** 合理密植主要是充分利用地力和光照,协调群体与个体发展的矛盾,提高单位面积产量。白莲种植太密,植株茂盛莲叶互相重叠,田间郁闭,通风透光不良,造成莲蓬小、结实率低,并且易发生病虫害;过稀则旺长期推迟,莲茎不易满田,同时还易引起田间杂草丛生,同样达不到高产的目的。在生产中只有做到因地制宜,根据土壤肥力和施肥水平确定种植株数,才能达到增产的目的。种植密度一般为每 667 米² 栽 100~120 株,株行距为 2.3 米×2.6 米,每株种藕 3~4 个芽,土壤肥沃的田块可适当少栽

10~20株,肥力较低的田块适当多栽10~20株。种藕一般呈梅花状栽植,田四周的顶芽一律朝田中间,顶芽埋入泥深6~8厘米,后把翘起离开水面10厘米,呈40°角。移栽后灌浅水,垫好缺口即可。

(4)**精细管理**　白莲的管理首先是中耕除草和科学灌水。白莲田间管理主要集中在旺盛生长期,此期的管理是夺取高产的重要环节。当白莲主茎出现2~3片立叶时就应进行耘田除草,耘田前先排水,保留泥皮水即可。方法是先将莲蔸周围的杂草用手拔除并塞入泥中,再进行空间耘田,一般耘田2次。耘田应在移栽后1个月内完成,以后只可人工拔草,不宜耕耘,以免创伤走鞭引起病虫害。每次耘田后应灌浅水。寡荷是指白莲现蕾后走鞭节上未带花蕾的荷叶,如寡荷太多会造成田间荫蔽度大,空气流通不畅而影响白莲叶芽、花芽分化。因此,对无功能的荷叶应在第二次耘田时根据莲田的苗情适当摘除一部分,生长太旺的莲田在采收时再适当摘除一些,以减少养分消耗。

水浆管理贯穿白莲整个生育期,如果是留种田还要延续到翌年挖种前,因此科学管水也是白莲高产的重要环节。莲田灌水应掌握由浅到深的原则,采完莲后再灌浅水养种藕。具体灌溉水深度:始花前3~6厘米为宜,旺长期应加深至10~12厘米,7月下旬开始可加深至12厘米以上。莲田养鱼的田块在加厚、加高田埂的前提下,灌水可加深至25厘米。留种田在莲籽采收后以后应保持薄水层,以利培育壮藕。

(5)**配方施肥**　白莲生长期长,耗肥量大,就目前的产量水平,每667米²产100千克莲籽一般需施用纯氮30千克、磷(五氧化二磷)20千克、钾(氯化钾)20千克,氮、磷、钾比例为3∶2∶2左右为宜。为了创造高产的肥力条件,整地前应每667米²施有机肥1 500千克;种绿肥的田块种莲更佳,翻耕前每667米²施生石灰50千克,或施石灰氮15~20千克,既可加速有机质腐烂分解又可中和酸性。当白莲出现2~3片立叶时结合除草耘田进行第一次施肥,每667米² 可施碳酸氢铵10千克、钙镁磷或过磷酸钙35千克、硫磺粉2千克,将肥料混合拌匀施于莲蔸四周,再用手耙耙匀使土肥水融合,施肥后灌水深5厘米左右,以免肥料烧坏莲苗。第二次施肥为花肥,在始花时进行,约为5月下旬初,每667米² 施三元复合肥30千克、尿素10千克、硼砂1千克,拌匀全田撒施,施后进行第二次耘田除草,耘完后立即灌水深6~7厘米。第三次施肥在开始采莲时进行,约为6月下旬,每667米² 施尿素8~10千克、氯化钾7~8千克,全田撒施。以后,视苗情酌情补施尿素和少量多元复合肥即可。总的来说,白莲的施肥原则是:多施有机质肥料,少施化学肥料,适量施碱性肥料,少施酸性肥料,施肥不能过量,注意氮磷钾三要素及硫、硼等中微量元素混合施用。

**(6)病虫害防治** 白莲主要病害有莲藕腐败病、莲叶枯病、莲褐斑病等,虫害主要有莲纹夜蛾、莲蚜、莲蓟马等。其中,以莲纹夜蛾、莲藕腐败病危害较大,其次是莲蚜、莲蓟马。

①莲纹夜蛾 莲纹夜蛾食性很杂,是白莲的主要虫害,主要以幼虫啃食莲叶下表皮与叶肉,剩下上表皮和叶脉。四龄后食量增大咬食叶片呈缺刻状,虫口密度大时可将叶片全部吃光,并咬食未开放的花蕾,造成减产。莲纹夜蛾除危害白莲以外,寄主植物有90多种,在莲区则表现为常发性和普遍性害虫。每年发生5代,第一代成虫(上年越冬蛹)一般在3月底至4月底出现,由于虫害的发生受气候影响较大,加上莲纹夜蛾代次有交替重叠,所以防治比较困难,只能按预报防治。幼虫发生的大致时间为:第一代4月中旬至5月下旬,第二代6月上旬至7月上旬,第三代7月中旬至8月上旬,第四代8月上旬至9月上旬,第五代9月中旬至11月上旬,此后幼虫化蛹越冬。

防治方法:一是人工捕捉。摘除卵块和幼龄幼虫集中危害的莲叶;二是诱杀成虫,利用黑光灯诱杀效果良好。也可采用毒盆毒饵诱杀,即将红糖2份、水2份、醋1份、酒1份、敌百虫1份配成糖浆,装于盆内,天黑时放置莲田中,盆口高于莲株10厘米,可毒杀成虫;三是药剂防治。可用敌百虫800倍液喷雾,还可用甲氨基阿维菌素苯甲酸盐等农药防治。

②莲蚜、蓟马 莲蚜,成虫、若虫均可危害。害虫一般集中于白莲的花蕾基部的花柄上,用针状口器刺入花蕾的组织内,吸取汁液,影响莲蓬结实率,严重的造成花蕾凋萎、死花。莲蓟马,主要集中在莲花内,以针状口器危害花器,降低莲蓬结实率。防治方法:主要是采用药剂防治,每667米$^2$用10%吡虫啉可湿性粉剂20克,每10克兑水15升喷雾防治。

③莲藕腐败病 莲藕腐败病是白莲最严重的病害,常造成死花死苗,严重的田块甚至绝收。莲藕腐败病发生过程比较复杂,是由食根金花虫等地下成虫危害及人们中耕除草造成的白莲地下茎创伤,使半知菌类的镰刀菌从伤口侵入,通过白莲地下茎走鞭的导管危害,使白莲根系受害发霉发黑,造成白莲发出的新叶及花蕾枯死。目前,对莲藕腐败病防治还没有特效药,重点是预防,主要包括冬季铲除田埂杂草、整地前每667米$^2$施生石灰50千克进行田间消毒、选田时要考虑合理轮作及水旱轮作、做好种藕消毒等。种藕消毒可用绿亨3号600倍液浸泡24小时,捞起沥干即可栽植。土壤消毒以灭杀地下害虫为主,可在移栽时每667米$^2$用益舒宝或益舒丰1千克拌细土10千克撒施在莲兜周围。发病后每667米$^2$用70%百菌清可湿性粉剂800~1 000倍液+20%莩藕病绝可湿性粉剂800~1 000倍液喷雾,连喷2~3次,每隔5~7天喷施1次。

## (二)白莲加工技术

白莲加工工序为:莲蓬采摘→脱蓬→去壳→去皮→去壳→通芯→干燥

1. **莲蓬采摘**　采摘宜在早晨进行,伴着朝阳、和着露水,采回的莲蓬要在当天完成加工,才能保证色泽亮丽。

2. **脱蓬**　成熟的莲蓬,莲壳表皮略微发黑。对成熟莲蓬分批进行脱蓬,以保证莲子的新鲜。

3. **去壳**　在白莲生长过程中,难免要喷洒农药,所以在去壳前要进行清洗。去壳工序完成后,可以收集起来。

4. **去皮**　这道工序最为费时,既要将整层的皮都脱离莲子,又要保证莲子的果肉不受损伤,一般情况下采用人工去壳比机械去壳效果好。

5. **通芯**　去完皮的白莲,不能立即通芯,需在清水中浸泡 30 分钟左右,这样比较容易进行通芯处理。将莲子和莲芯分开,再进行干燥处理。

6. **干燥**　可以采用晒干或烘干处理,一般情况下采用晒干处理,阴雨天气时可采用烘干处理。这是因为通芯完成的莲子,如果不立即进行干燥,其成品色泽发黑。

# 四、莲藕栽培与加工

## (一)莲藕大田栽培技术

1. **莲田选择和整理**　莲田应选择有灌溉条件、阳光充足、土层深厚、肥力中上的冬闲田或绿肥田,土质以壤土、黏壤土、黏土为宜,灌溉便利的沙壤土也可以,土壤 pH 值应在 6.5~7。瘠薄沙土田、常年冷浸田、锈水田不宜种植。莲田整理要求精耕细作,做到深度适当、土壤疏松、田面平坦、施足基肥。冬闲田,冬季应深耕晒垡,结合耕地每 667 米$^2$ 施有机肥 1 500 千克,开春灌水再进行两耕两耙,然后平整田面等待移栽。绿肥田一般在 2 月下旬进行两耕两耙,第一次翻耕后每 667 米$^2$ 施石灰 25 千克,以促使绿肥腐烂。若每 667 米² 绿肥产量在 2 000 千克以上,不需再施基肥;绿肥产量过低,则需补施部分化肥。

**2. 品种和种藕选择** 藕种的好坏直接影响莲子的产量和质量,首先应根据需要选择相应的品种,如以产子莲为目的的宜选择十里荷一号、太空 36 号、太空 3 号等品种。其次对种藕进行选择,要求选择品种纯正、上年单产高、未发生病害的留种田里的种藕,做到边选边挖,以具有本品种特性、色泽新鲜、藕身粗壮、节间短、无病斑、无损伤、顶芽完整、具有 3 个节以上的主藕和 2 节以上子藕作种。

**3. 施足基肥,适时移栽,合理密植** 结合莲田整理,每 667 米² 施有机肥 1 500 千克,绿肥田配施 25 千克石灰。移栽前 1 天,每 667 米² 施碳酸氢铵 20～25 千克、过磷酸钙 25 千克作面肥,以确保基肥、面肥充足。适时移栽是提高单产、确保高产的重要环节,一般掌握在当地气温稳定在 12℃ 以上,即 4 月上中旬移栽为宜。种植密度一般以每 667 米² 种植 120～150 株藕种为宜,早栽宜稀,迟栽宜密;高肥田宜稀,中低肥田宜密。

**4. 中耕除草,清除寡荷** 莲藕从移栽到荷叶封行,先后要进行 2～3 次耘田除草。当莲主茎抽出第一立叶时开始耘田,之后每隔 15 天耘田 1 次,到荷叶封田为止。耘田前进行排水,只保持泥皮水。耘田时将杂草拔除并埋入泥中,达到泥烂、面平、无杂草的要求。结合耘田追肥,使肥料深施,以提高肥效。莲藕对除草剂特别敏感,一般不提倡在莲田使用除草剂。

**5. 科学施肥** 莲藕生育期长,耗肥量大,而莲藕根系吸肥能力又较弱。因此,生产中强调施足有机肥,增施磷、钾肥,少量多次施追肥,适量补充微肥。莲藕大田追肥总量以每 667 米² 折合尿素 40 千克、氯化钾 20 千克、硼砂 2.5 千克,施肥时掌握"苗肥轻、花肥重、子肥全"的原则,分期多次施用。第一立叶抽生后(成苗期)结合第一次耘田追施苗肥,每 667 米² 施尿素 5 千克、氯化钾

2.5千克,点施在莲苗周围,施肥后即进行耘田。始花期重施花肥,于第一花蕾出现时施用,每667米$^2$施尿素7.5千克、氯化钾4千克,全田均匀撒施,注意不能将肥料撒到荷叶或花上,田间保留3~5厘米深的水层。结蓬初期施壮子肥,每667米$^2$施尿素5千克、氯化钾2.5千克、硼砂0.5千克,施肥方法同花肥。之后,每隔15天施追肥1次,每次肥料用量递减10%,全程共追肥5~6次。

## (二)藕粉加工技术

莲藕含有20%的碳水化合物和丰富的钙、磷、铁以及多种维生素,营养价值很高。利用莲藕加工藕粉,易被人体吸收消化。食用时,先将藕粉用冷开水调匀,加适量的白糖,再用沸水冲成糊状。这时,藕粉呈紫红色,晶莹透亮,吃起来香滑细嫩、清甜可口。加工方法:①选取新鲜的藕条,洗净,切除藕节。②藕条用手工或切丝机切碎,再用石磨或打浆机、磨粉机磨成藕浆。磨浆时,边投料边加清水,使磨出的藕浆细腻。藕浆磨得越细,出粉率就越高。③将藕浆倒入白纱布袋里用清水冲洗,下面用容器接纳浆液。边倒藕浆边加清水边搅动,直至将藕渣内的浆液洗净。④将过滤得到的藕浆再加适量清水漂洗1~2次,沉淀后将表面的清液、细藕渣除去,取中间的粉浆放入另一容器内继续用清水搅拌,让其再沉淀,如此反复1~2次,使其达到白色的质量要求。⑤把经过漂洗、沉淀后达到质量要求的藕粉,用清洁布袋包好吊放,沥干水分。将湿藕粉掰成1~2千克的粉坨,将粉坨切成1~1.5厘米厚的藕粉片,摊放于竹筛上暴晒或入烤房烘干,直至用手一触即碎则为成品。

# 五、薏苡栽培管理技术

## (一)概　述

薏苡为禾本科 1 年生或多年生草本植物,在福建主产于浦城县。薏苡经加工去壳后,洁白如玉,玲珑剔透,称为薏苡仁,也称薏米、米仁、薏仁米、沟子米、六谷子、药玉米等,是上好的点心原料。据分析,100 克薏苡仁含水分 12.7 克、蛋白质 13.7 克、脂肪 5.4 克、碳水化合物 64.9 克、粗纤维 3.2 克、灰分 0.1 克,以及钙、磷、铁等微量元素。浦城县薏苡仁做点心食用,煮后黏稠,微飘淡香,不仅在国内颇有名气,而且在国外也获有"糯薏米"的赞誉,是欧美西餐国家的一种名贵甜食佳点。薏苡谷壳中含粗纤维高达 36%,粉碎后是畜禽的好饲料,其秸秆还是造纸的好材料。薏苡仁具有健脾利湿、清热排脓之功效,古往今来,人们食用薏苡仁更多的是为了祛病健身。

薏苡株高 1~2 米,茎直立粗壮、10~20 节,节间中空,基部节上生根。叶互生,呈纵列排列;叶鞘光滑,与叶片间具白薄膜状的叶舌;叶片长披针形,先端渐尖,基部稍鞘状包茎,中脉明显。总状花序,由上部叶鞘内成束腋生,小穗单性;花序上部为雄花穗,每节有 2~3 个小穗,上有 2 个雄小花,雄蕊 3;花序下部为雌花穗,包藏在骨质总苞中,常常 2~3 小穗生于 1 节,雌花穗有 3 个雌小花,其中 1 个花发育,子房有 2 个红色柱头,伸出包鞘之外,基部有退化雄蕊,颖果成熟时,外面的总苞坚硬、呈椭圆形。种皮红色或淡黄色,种仁卵形,背面为椭圆形,腹面中央有沟。花期 7~9 月份,果期 8~10 月份。

## （二）生长环境

薏苡喜温和潮湿气候,忌高温闷热,不耐寒,忌干旱,尤以苗期、抽穗期和灌浆期要求土壤湿润。气温 15℃ 时开始出苗,温度高于 25℃、空气相对湿度 80%~90% 及以上时,幼苗生长迅速。种子容易萌发,发芽适温为 25℃~30℃,发芽率为 85% 左右,种子寿命为 2~3 年。薏苡在海拔 1 200 米以下的平地或坡地均可栽培,尤宜地势向阳、便于灌溉之处栽培。在抽穗扬花期最怕干旱,此期干旱不但结果少且空壳多,籽粒也不饱满。土壤以肥沃潮湿、中性或微酸性、保水性能良好的黏质壤土最为适宜;干旱瘠薄的沙土、保水保肥力差的土壤不利于生长;过于疏松肥沃的沙壤土茎叶生长茂盛,但夏秋季易倒伏,而且茎叶徒长反而结实不多。薏苡不宜连作,也不宜以禾本作物为前作。在水田栽培可以增产。

## （三）栽培管理技术

**1. 整地**　前作收获后及时整地,首先深翻约 30 厘米,深耕时每 667 米$^2$ 施堆肥或杂肥约 1 800 千克。春季播种前再翻地 1 次,耙细整平,做 1.3 米宽的畦。如在山坡种植一般不做畦,但要开排水沟和拦山堰,防止雨水冲刷。

**2. 播　种**

**（1）种子处理**　黑穗病是薏苡的主要病害,为预防危害,播种前必须进行种子处理。常用方法有 3 种:一是沸水浸种。用清水将种子浸泡 1 夜,装入篓箕,带篓箕在沸水中拖过,同时快速搅拌,以使种子全部受烫,入水时间为 5~8 秒钟,然后立即摊开,晾干水气后即可播种。注意每次处理种子不宜过多,以免部分种子不能烫到;烫种时间不能超过 10 秒钟,以防种子被烫死不能发芽。二是生石灰浸种。将种子浸泡在 60℃~65℃ 温水中 10~15 分钟,捞出种子用布包好,用重物压沉入 5% 生石灰水里浸泡 24~48 小时,取出后用清水漂洗后播种。三是用 1∶1∶100 波尔多液浸种 24~48 小时后播种。为避免播种后被鸟类啄食造成缺苗,播前可用毒饵拌种。

(2)**播种方法** 播种期一般在春分(3 月中下旬),海拔较高的地区多在清明至谷雨期间(4 月上中旬),有伏旱的地方要尽量早播,播种过迟就会因伏旱而严重减产。播种时通常习惯采用点播,穴距 30 厘米,穴深 6 厘米,每穴播 6~8 粒种子,每 667 米² 用种子 4~6 千克。播种后,每 667 米² 施拌有人畜粪尿的火灰 300~400 千克于穴中,再覆土与地面相平。

3. 田间管理

(1)**间苗定株** 幼苗长有 3~4 片真叶时间苗,每穴留苗 4~5 株。大面积栽培,如能掌握好种子用量且能保障出全苗,可以不进行间苗。

(2)**中耕除草** 通常进行 3 次中耕。第一次结合间苗进行。第二次在苗高 30 厘米左右时进行,浅锄,要特别注意勿伤根部。第三次在苗高 50 厘米、植株尚未封畦前进行,注意不要弄断苗茎;并适时培土,以避免后期倒伏。

(3)**施肥** 生长前期为提苗应着重施氮肥,后期为促壮秆孕穗应多施磷、钾肥。第一次中耕除草时,每 667 米² 施人、畜粪尿 1 000~1 500 千克,或硫酸铵 10 千克。第二次中耕除草前,用火灰拌人粪尿 100 千克,在离植株 10 厘米处开穴施入,中耕时覆土。第三次在开花前叶面喷施 1%~3% 过磷酸钙溶液,每 667 米² 用肥液 7.5~10 千克。

(4)**浇水** 薏苡播种后如遇春旱,应及时灌溉,供其发芽。拔节、孕穗和扬花期,如久晴无雨,更应灌水,以防土壤水分不足,造成果粒不满,出现空壳。雨季要注意排除积水。

(5)**人工辅助授粉** 薏苡是风媒花,雄花少,在无风情况下,雌花未全部授粉易出现秕粒。可由两人牵绳从茎顶横拖过,摇动植株,使花粉传播到雌花上,每隔 3~5 天 1 次,直至扬花结束为止。

(6)**选育良种**　为防止或延缓品种混杂、退化及黑穗病传播,选育优良品种是保障高产的基础。薏苡有高秆和矮秆 2 个品种,矮秆种株高 0.7~1.3 米,分蘖较多,花期较短,结实较密,成熟较早,产量较高,适于作为种子留种,尤其是海拔较低、常遇伏旱的地区更应选择早熟的矮秆种栽培。收获前,在田间选择植株矮、生长健壮、穗多穗大、无病害的单株,单独收获,晒干扬净后贮存作种。也可选择一定面积符合株选标准的区块单收留种。对于大面积种植地区,应建立专门繁殖良种的种子田,按照留种选优种的要求,将株选得到的种子播于翌年种子田,种子田收获的籽种供翌年大田播种。

### 4. 病虫害防治

(1)**病害**　病害主要有黑穗病和叶枯病。黑穗病,又名黑粉病,主要危害穗部,由染病种子附着的病菌孢子,随植株生长到达穗部,使新结实的种粒肿大呈球形或扁球形的褐色瘤,破裂后散出大量黑粉(即病菌孢子),又继续侵染。危害严重时发病率达 90%以上,甚至颗粒不收。防治方法:注意选种和种子消毒处理;坚持半年田间单株选种,有条件的要建无病良种地;鉴于薏苡吸肥力强,黑穗病严重,故应实行轮作,避免连作,前茬作物应以豆类、棉花、马铃薯等为宜。叶枯病,危害叶部,呈现淡黄色小病斑,叶片黄枯。防治方法:发病初期喷施 1∶1∶100 波尔多液,或 65%代森锌可湿性粉剂 500 倍液。

(2)**虫害**　虫害主要有黏虫和玉米螟。黏虫的幼虫危害叶片,咬成不规则缺刻。也危害嫩茎和嫩穗,大发生时叶片被吃光。防治方法:在幼虫期喷 50%敌敌畏乳油 800 倍液,成虫期用糖醋毒液诱杀;为从根本消灭黏虫,应挖土灭蛹。玉米螟 1~2 龄幼虫钻入幼苗心叶咬食叶肉或叶脉,抽穗期 2~3 龄幼虫钻入茎内危害,蛀成枯心或白穗,遇风折断下垂。防治方法:早春将薏米茎秆烧毁,消灭越冬幼虫;5~8月份夜间用黑光灯诱杀;心叶展开时,用50%杀螟硫磷乳油1 000~1 500倍液喷雾;土地周围种植蕉藕也可诱杀之。

**5. 收获与脱粒** 采收期因品种和地区不同而异。早熟种小暑至立秋前(7月份至8月初),中熟种处暑至白露(8月下旬至9月中旬),晚熟种霜降至立冬前(10月下旬至11月中旬)。我国南方地区一般在白露(9月中上旬)采收,北方地区一般在寒露(10月下旬)采收,以80%果实成熟为适宜收割期,不可过迟,以免成熟种子脱落而减产。收割宜选晴天进行,收获时可割取全株或只割茎上部,割后用打谷机脱粒或晒干后自然脱粒。脱粒后晒干,扬去或风去杂质,将净种子用碾米机碾去外壳和种皮,筛或风净后即成商品药材。

**6. 贮藏保管** 本品呈卵形或椭圆形,基部略平,顶端钝圆,表面乳白色、光滑。常有少量淡棕色种皮残存,基部凹入,中央有点状种脐,侧面有腹沟,沟内淡棕色。依腹沟方向纵切可见胚乳较大,白色粉质,盾片狭长、淡黄色,胚细长、位于腹沟一侧,胚上端为胚根、下端为胚芽。种仁横切肾形,质坚硬,味甘。以粒大、色白、完整、无碎粒、无粉屑杂质者为佳。薏苡在贮存中易虫蛀和发霉,因此应在通风阴凉且干燥处贮藏,并适时进行晾晒和定期烘焙。

# 六、黄秋葵栽培管理技术

## (一)概　述

黄秋葵俗称"洋茄",喜湿,要求在整个生长期均保持较高的土壤湿度,尤其在开花结果时不能缺水。因此,夏季干旱无雨时要特别注意灌溉,以提供充足的水分确保果实迅速膨大。黄秋葵喜湿也怕涝,大雨后要及时排水,防止畦沟连日积水造成苗期沤根伤苗死苗、结果期果荚纤维化而降低品质。春季种植黄秋葵,7 月中旬采收。黄秋葵的四大特点:①叶面大、分裂浅、叶柄短、株幅小。②节间距短、茎秆粗壮、不倒状。③早熟,大多从第三片真叶的叶腋开始着生雌花。④商品性好,果实多呈 6~8 棱,果荚肉厚,果色嫩绿。

### (二)栽培技术要点

1. **培育壮苗**　适时早播,培育壮苗,是黄秋葵提早结果、提高前期产量的基础。在福建等地轮作栽培黄秋葵 2 月 10 日左右播种,采用 8 厘米×8 厘米营养钵置于大棚内育苗。播种前装满营养土并整齐排列在育苗床上,然后依次在钵中央扎深 1.5 厘米的种穴。每 667 米² 用种量 225 克,浸种 24 小时后将种子播入种穴,覆土少许淋透水。早春气温低有霜冻,需大棚内套小拱棚,以增强保温效果。苗期应注意揭膜通风、盖膜保温、幼苗淋水等日常管理。通常播种 4 天后幼苗出土,苗龄 35~40 天、2 叶 1 心时即可定植。

2. **整地做畦**　按水旱轮作模式栽培黄秋葵应选择耕作层深厚、排水条件良好的水稻田。选定栽培地后先规划沟畦走向,在定植前 7 天开好排灌沟,并进行整地做畦,可按畦高 25~30 厘米、畦底宽 125 厘米、沟底宽 35 厘米做畦。方法是先用起垄机翻土起畦并将基肥均匀撒施在畦面上,然后用锄头修整以达到土壤细碎、畦直平整无杂草的要求。整好畦后喷施 50% 丁草胺乳油 300 倍液除草,若畦土偏干则应在施药前浇足底水。施药后随即覆盖幅宽为 150 厘米的地膜,膜两边覆土压封严实并保持 5~6 天以确保除草效果。

3. **合理密植**　合理密植是黄秋葵提早结果、提高产量的前提。种植太密植株纵向疯长,致使坐果迟,结果小;种植太疏植株横向旺长,则果量少产量低。一般在 3 月 20 日左右、幼苗 3 叶 1 心时定植,按行距 55 厘米、株距 33 厘米双行定植,每 667 米² 栽植

2 300~2 400 株。定植苗要选健壮无病苗,淘汰病苗、弱小苗、高脚苗。定植时先用直径 8 厘米削尖的木桩按设定的行株距在畦面上扎定植穴,然后轻轻栽下定植苗,并确保适中的定植深度。定植后浇灌 50%多菌灵可湿性粉剂 1 000 倍液作定根水,每穴浇 0.5 千克,最后覆土压封好定植口地膜。定植当天务必加盖好小拱棚,以保温、保湿。

4. **三膜促成栽培**　集大棚促成栽培、双行高垄栽培技术于一体,有利于促成黄秋葵早开花、早上市,延长黄秋葵的产果期,提高黄秋葵产量,减轻病虫害的发生。大棚促成栽培即采用三膜(地膜、拱棚膜、大棚膜)保温促成栽培技术。地膜应选择保温效果好的黑白相间双色膜(如烤烟用的地膜),拱棚膜和大棚膜应选择透光、透气、保温性好的无滴膜,这样既透光又保温,棚膜内凝聚的水珠不会滴在黄秋葵植株上,可降低棚内湿度,减轻病虫危害。促成栽培可通过给予适宜生长的温度和赤霉素处理,打破黄秋葵休眠期,促进植株生长发育,连续开花结果,这项技术具有经济、简便、易操作等优点。

5. **揭膜中耕**　小拱棚栽培定植后,晴天上午注意揭膜通风防止烧苗,下午及时盖膜保温。4 月底临近开花结果时撤除小拱棚转向露地栽培。5 月中旬进入采果期揭掉地膜进行追肥和中耕除草,并将畦沟浅挖培土于茎基部周围及畦面上,以提高畦面高度,促进根系发育。之后,每隔 15 天结合追肥进行浅中耕 1 次。

6. **割叶摘心**　轮作栽培黄秋葵只需培养主茎结果,但通常在茎基部子叶的 1 对叶腋和第一片真叶的叶腋会发生侧枝,消耗养分。因此,应在 5 月上旬,黄秋葵进入结果期前,彻底摘除茎基部萌生的侧枝,以将养分集中供应到主茎上。结果期间主茎上或再抽生的侧枝也必须摘除。

黄秋葵果实所在节位上的叶片是该果实生长的功能叶,肩负着该果实生长的主要营养供应,但其下部叶片对该果实的膨大作用较小要及时割除,这样既利用通风透光、减轻病虫害,又利于拔节长叶、多开花结果。一般自5月中旬开始采果起,在采收嫩果时将该果节位及以下的叶片从叶柄基部一并割除,集中销毁。7月上旬,黄秋葵采收前10天要进行全面摘心,以集中养分促进开花结果,提高最后一批嫩果的产量和品质。

## (三)田间管理

1. **肥水管理** 天天采果、天天割叶的栽培方式,决定了黄秋葵属于需肥量大、施肥次数多的作物。合理施肥是黄秋葵高产的重要保证,苗期氮肥偏多会推迟结果,结果期磷、钾肥不足则影响产量。因此,轮作栽培黄秋葵必须施好"三肥":一是基肥。如所选栽培地为上年施用秸秆腐熟剂进行稻草还田、培肥地力的水稻田,做畦时每667米$^2$撒施腐熟农家肥1 000千克。二是壮苗肥。定植后每667米$^2$施三元复合肥3千克,隔15天后用同法再施1次。三是促果肥。5月中旬进入采果期,结合揭膜除草施促果肥1次,每667米$^2$撒施三元复合肥10千克,并培土覆盖。以后每隔15天结合浅中耕施促果肥1次,每次每667米$^2$穴施三元复合肥15千克,共施促果肥4次。

2. **病害防治** 黄秋葵抗病力强病害较少,主要病害是枯萎病。黄秋葵枯萎病近年集中发生在往年种植西瓜且发生过枯萎病的田块,一般在5月中旬开始发病,一旦发生会造成植株成片枯死。防治方法:一是避免选择近年种植瓜类、茄果类作物的水稻田。二是开深沟降低地下水位,雨天及时排除积水。三是结合浇施壮苗肥,用99%恶霉灵可湿性粉剂3 000倍液浇根预防。

黄秋葵虫害主要有蜗牛、蚜虫、玉米螟、棉大卷叶螟、斜纹夜蛾。防治蜗牛首先要降低畦土温度,药剂防治可用6%四聚乙醛颗粒剂撒施于茎基部周围,每667米$^2$用药750克;防治蚜虫可用50%吡蚜酮水分散粒剂2 000倍液喷施;防治玉米螟、棉大卷叶螟要抓住低龄幼虫盛发期,在尚未蛀食及卷叶时用5%甲氨基阿维菌素苯甲酸盐乳油1 500倍液喷施防治。

3. **适时采收**　商品果实采收是黄秋葵栽培的关键环节。在新发展的栽培基地或地区常会出现一个共同问题,即新种植户担心嫩果太小没有产量而推迟采收时,导致果荚纤维化影响品质而滞销,进而使黄秋葵产业发展受阻。黄秋葵采收商品果实的标准为果长8~11厘米、果荚未纤维化,盛果期一般花后5天果实即可采收,通常采果初期为隔天采收,初采7天后需每天采收。采收方法是用采果刀将嫩果从果柄基部割下,轻放果桶里。采收时若发现畸形的、漏采而纤维化的果实要随即割下淘汰。黄秋葵茎、叶、果实均长有刚毛,人体接触会导致皮肤过敏,奇痒难忍,采收时必须身穿长袖上衣并戴手套。

# 三农编辑部新书推荐

| 书　名 | 定　价 |
|---|---|
| 西葫芦实用栽培技术 | 16.00 |
| 萝卜实用栽培技术 | 16.00 |
| 杏实用栽培技术 | 15.00 |
| 葡萄实用栽培技术 | 19.00 |
| 梨实用栽培技术 | 21.00 |
| 特种昆虫养殖实用技术 | 29.00 |
| 水蛭养殖实用技术 | 15.00 |
| 特禽养殖实用技术 | 36.00 |
| 牛蛙养殖实用技术 | 15.00 |
| 泥鳅养殖实用技术 | 19.00 |
| 设施蔬菜高效栽培与安全施肥 | 32.00 |
| 设施果树高效栽培与安全施肥 | 29.00 |
| 特色经济作物栽培与加工 | 26.00 |
| 砂糖橘实用栽培技术 | 28.00 |
| 黄瓜实用栽培技术 | 15.00 |
| 西瓜实用栽培技术 | 18.00 |
| 怎样当好猪场场长 | 26.00 |
| 林下养蜂技术 | 25.00 |
| 獭兔科学养殖技术 | 22.00 |
| 怎样当好猪场饲养员 | 18.00 |
| 毛兔科学养殖技术 | 24.00 |
| 肉兔科学养殖技术 | 26.00 |
| 羔羊育肥技术 | 16.00 |

# 三农编辑部即将出版的新书

| 序　号 | 书　名 |
|:---:|:---|
| 1 | 提高肉鸡养殖效益关键技术 |
| 2 | 提高母猪繁殖率实用技术 |
| 3 | 种草养肉牛实用技术问答 |
| 4 | 怎样当好猪场兽医 |
| 5 | 肉羊养殖创业致富指导 |
| 6 | 肉鸽养殖致富指导 |
| 7 | 果园林地生态养鹅关键技术 |
| 8 | 鸡鸭鹅病中西医防治实用技术 |
| 9 | 毛皮动物疾病防治实用技术 |
| 10 | 天麻实用栽培技术 |
| 11 | 甘草实用栽培技术 |
| 12 | 金银花实用栽培技术 |
| 13 | 黄芪实用栽培技术 |
| 14 | 番茄栽培新技术 |
| 15 | 甜瓜栽培新技术 |
| 16 | 魔芋栽培与加工利用 |
| 17 | 香菇优质生产技术 |
| 18 | 茄子栽培新技术 |
| 19 | 蔬菜栽培关键技术与经验 |
| 20 | 李高产栽培技术 |
| 21 | 枸杞优质丰产栽培 |
| 22 | 草菇优质生产技术 |
| 23 | 山楂优质栽培技术 |
| 24 | 板栗高产栽培技术 |
| 25 | 猕猴桃丰产栽培新技术 |
| 26 | 食用菌菌种生产技术 |